OPUSCULES
PHYSIQUES
ET CHYMIQUES,

Par M. LAVOISIER, de l'Académie Royale des Sciences.

TOME PREMIER.

A PARIS,

Chez $\left\{\begin{array}{l}\text{Durand neveu, Libraire, rue Galande.}\\\text{Didot le jeune, quai des Augustins.}\\\text{Esprit, au Palais Royal.}\end{array}\right.$

___

M. DCC. LXXIV.

A MONSIEUR
TRUDAINE DE MONTIGNY,

Conseiller d'État, Intendant des Finances,
Président de l'Académie Royale
des Sciences, &c.

MONSIEUR,

C'EST à vous que je dois la premiere idée
de cet Ouvrage ; c'est vous qui m'avez engagé
de l'entreprendre & de le publier, qui m'avez
plus d'une fois guidé dans le choix des Expériences, qui m'avez souvent éclairé sur leurs conséquences ; enfin, qui avez désiré que la plûpart
fussent faites ou répétées sous vos yeux : que de
motifs pour vous offrir cet Essai ! Mais, quand

*a

tous ces titres n'exifteroient pas , je vous en devrois encore l'hommage, comme au Protecteur des Arts & des Sciences, comme à un Homme de Lettres, à un Sçavant diftingué, qui fçait partager fon temps entre les foins d'une grande adminiftration & l'étude de prefque toutes les Sciences, & qui porte des vues également vaftes dans tous les objets dont il s'occupe ; enfin, je vous le devrois à un titre plus cher & plus précieux pour moi, la reconnoiffance des bontés dont vous voulez bien m'honorer.

Je fuis avec refpect,

MONSIEUR,

Votre très-humble & très-
obéiffant Serviteur,
LAVOISIER.

A MONSIEUR

TRUDAINE DE MONTIGNY,

Conseiller d'État, Intendant des Finances,
Président de l'Académie Royale
des Sciences, &c.

Monsieur,

C'est à vous que je dois la première idée de cet Ouvrage ; c'est vous qui m'avez engagé de l'entreprendre & de le publier ; c'est vous qui m'avez souvent guidé dans le choix des Expériences, qui m'avez souvent éclairé sur leurs conséquences ; enfin, qui avez désiré que la plûpart fussent faites ou répétées sous vos yeux : que de motifs pour vous offrir cet Essai ! Mais, quand

a

tous ces titres n'exifteroient pas, je vous en devrois encore l'hommage, comme au Protecteur des Arts & des Sciences, comme à l'ami de l'humanité, comme à un Homme de Lettres, à un Sçavant diftingué, qui fçait partager fon temps entre les foins d'une grande adminiftration & l'étude de prefque toutes les Sciences, & qui porte également de grandes vues dans tous les objets dont il s'occupe ; enfin, je vous le devrois à un titre plus cher & plus précieux pour moi, la reconnoiffance des bontés dont vous voulez bien m'honorer.

Je fuis avec refpect,

MONSIEUR,

Votre très-humble & très-
obéiffant Serviteur,
LAVOISIER.

AVERTISSEMENT.

DEPUIS plus de dix années que je m'occupe de Physique & de Chymie, & que je confacre à ces deux Sciences les inftans dont d'autres occupations me permettent de difpofer, mes matériaux fe font tellement accumulés, qu'il ne m'eft plus poffible d'efpérer qu'ils trouvent place dans le Recueil des Mémoires de l'Académie Royale des Sciences. La plûpart des objets, d'ailleurs, dont je me fuis occupé, ont exigé des Expériences trop nombreufes, des Difcuffions trop étendues, pour qu'il m'ait été poffible de les refferrer dans les bornes prefcrites à nos Mémoires, & j'ai cru ne pouvoir me difpenfer d'en former des Traités particuliers.

La diverfité des fujets dont j'ai à entretenir le Public, l'incertitude même où je fuis de fçavoir dans quel ordre je publierai mes Mémoires, m'a impofé la néceffité de choifir un titre généralement applicable à tout, & celui d'*OPUSCULES PHYSIQUES ET CHYMIQUES* m'a paru plus propre qu'aucun autre à remplir mon objet. Ce titre préviendra le Lecteur fur l'indulgence dont j'ai befoin; il me donnera la liberté de lui préfenter des obfervations détachées: enfin il rendra excufable jufques au défordre même qui pourroit fe rencontrer dans l'arrangement des matieres.

On fe paffionne aifément pour le fujet dont on s'occupe, & le dernier travail auquel on fe livre eft communément l'objet chéri: ce foible dont il eft difficile, & dont il feroit peut-être dangereux de fe défendre, eft fans doute ce qui m'a porté à publier d'abord ce que j'ai raffemblé fur l'exiftence d'un fluide

élaſtique fixé dans quelques ſubſtances, &
ſur ſon dégagement, quoique cet ouvrage ait été fait le dernier; l'eſpèce d'inté-
rêt d'ailleurs que les Sçavans ſemblent
prendre dans ce moment à cet objet, &
les recherches qui ſe multiplient de toutes
parts auroient été, ſans doute, un motif
ſuffiſant pour me déterminer, & je n'ai pas
beſoin d'en chercher d'autre.

Je me propoſois de faire entrer dans
ce Volume des détails beaucoup plus éten-
dus ſur la précipitation des métaux dif-
ſous dans les acides, & ſur l'augmentation conſidérable de poids qu'ils acquierent dans cette opération; mais la néceſſité d'approfondir auparavant la nature
des acides eux-mêmes, de connoître les
principes dont ils ſont compoſés, les cas
où ils ſe décompoſent, &c. m'a arrêté,
& j'ai ſenti que j'avois beaucoup de choſes
à faire précéder; c'eſt par ces motifs &
d'autres ſemblables, que j'ai également
différé la publication de mes Expériences

fur la fermentation en général, & fur la fermentation acide en particulier.

Ce premier Volume fera, à ce que j'efpere, fuivi de plufieurs autres, & j'y ferai fucceffivement entrer une fuite d'Expérienees déjà nombreufes, & que je me propofe d'augmenter encore; 1°. fur l'exiftence du même fluide élaftique dans un grand nombre de corps de la nature, où on ne l'a pas encore foupçonné. 2°. Sur la décompofition totale des trois acides minéraux. 3°. Sur l'ébullition des fluides dans le vuide de la machine pneumatique. 4°. Sur une méthode de déterminer la quantité de matiere faline contenue dans les eaux minérales, d'après la connoiffance de leur pefanteur fpécifique. 5°. Sur l'application de l'ufage, foit de l'efprit-de-vin pur, foit de l'efprit-de-vin melangé d'eau dans certaines proportions à l'analyfe des eaux minérales très-compliquées. 6°. Sur la caufe du refroidiffement qui s'obferve dans l'éva-

poration des fluides. 7°. Sur différens
points d'optique dont j'ai eu occasion de
m'occuper dans un Mémoire relatif à
l'illumination des rues de Paris ; Ouvrage
que l'Académie a bien voulu récompenser
à sa Séance publique de Pâques 1766, par
une Médaille d'or, & auquel j'ai eu occasion de faire depuis des changemens &
additions considérables. 8°. Sur la hauteur
des principales montagnes des environs de
Paris, par rapport au niveau de la riviere
de Seine, mesurées tant à l'aide d'un bon
quart de cercle appartenant à M. le Che-
valier de Borda, qu'à l'aide d'un excellent niveau à bulle d'air & à lunette,
construit par M. de Chezy, & appartenant à M. Perronet. Enfin, j'y joindrai
une suite très-nombreuse d'Observations
de Baromètre faites dans différentes Provinces de France ; j'y donnerai le profil de
l'intérieur de la terre dans ces Provinces
à une assez grande profondeur, l'ordre
qu'on y observe dans les bancs, le niveau

conſtant auquel on trouve certaines ſubſtances, certains Coquillages, & l'inclinai-
ſon remarquable que quelques bancs ont
toujours dans un même ſens.

Ces différens Ouvrages ſont la plûpart
fort avancés, pluſieurs même ſont para-
phés depuis long-tems par M. de Fouchy,
Secrétaire perpétuel de l'Académie, j'eſpere donc que je ferai inceſſamment en état
de les ſoumettre au jugement du Public.

TABLE

DES CHAPITRES

Contenus dans ce premier Volume.

PREMIERE PARTIE.

Précis historique sur les Émanations élastiques qui se dégagent des corps pendant la combustion, pendant la fermentation, & pendant les effervescences.

CHAPITRE II.

CHAPITRE III.

CHAPITRE IV.

CHAPITRE V.

CHAPITRE VI.

CHAPITRE VII.

CHAPITRE VIII.

CHAPITRE IX.

CHAPITRE X.

CHAPITRE XI.

CHAPITRE XII.

CHAPITRE XIII.

CHAPITRE XIV.

CHAPITRE XV.

CHAPITRE XVI.

CHAPITRE XVII.

CHAPITRE XVIII.

CHAPITRE XIX.

SECONDE PARTIE.

NOUVELLES RECHERCHES sur l'existence d'un fluide élastique fixé dans quelques subtances, & sur les phénomènes qui résultent de son dégagement ou de sa fixation.

CHAPITRE PREMIER.

EXPÉRIENCE IV.

EXPÉRIENCE V.

EXPÉRIENCE VI.

EXPÉRIENCE VII.

EXPÉRIENCE VIII.

EXPÉRIENCE IX.

CHAPITRE II.

DE l'existence d'un fluide élastique fixé dans
les alkalis fixes & volatils, & des moyens
de les en dépouiller, 217

EXPÉRIENCE PREMIERE.

b ij

EXPÉRIENCE IX.

EXPÉRIENCE X.

EXPÉRIENCE XI.

EXPÉRIENCE XII.

EXPÉRIENCE XIII.

CHAPITRE III.

b iij

CHAPITRE IV.

De la combinaison du fluide élastique de la terre calcaire & des alkalis avec les substances métalliques par précipitation,

CHAPITRE V.

De l'existence d'un fluide élastique fixé dans les chaux métalliques,

EXPÉRIENCE VI.

EXPÉRIENCE VII.

CHAPITRE VII.

EXPÉRIENCE PREMIERE.

EXPÉRIENCE II.

EXPÉRIENCE III.

EXPÉRIENCE IV.

EXPÉRIENCE V.

EXPÉRIENCE VI.

EXPÉRIENCE VII.

EXPÉRIENCE VIII.

EXPÉRIENCE IX.

CHAPITRE VIII.

CHAPITRE IX.

EXPÉRIENCE PREMIERE.

EXPÉRIENCE VIII.

EXPÉRIENCE IX.

CHAPITRE X.

EXPÉRIENCE PREMIERE.

EXPÉRIENCE II.

EXPÉRIENCE III.

EXPÉRIENCE IV.

CHAPITRE XI.

Fin de la Table des Chapitres.

PRÉCIS
HISTORIQUE
SUR

LES ÉMANATIONS ÉLASTIQUES qui se dégagent des corps pendant la combustion, pendant la fermentation & pendant les effervescences.

PREMIERE PARTIE.

PRÉCIS

à M. Cavendish & à M. Prieftley ; mais avant de parler de leurs expériences, qui font beaucoup plus modernes, l'ordre des faits m'oblige de rendre compte ici de celles de M. Black, Profeffeur en l'Univerfité de Glafcow. Cet Auteur eft vraiment celui qu'on peut regarder comme l'introducteur de l'air fixe dans la Chymie.

CHAPITRE VII.

Théorie de M. Black fur l'air fixe ou fixé contenu dans les terres calcaires, & fur les phéno-menes que produit en elles la privation de ce même air.

LA magnéfie, la terre calcaire, & en général toutes les terres qui fe réduifent en chaux-vive par la calcination, ne font, fuivant M. Black, qu'un combiné d'une grande quantité d'air fixe avec une terre alkaline, naturellement foluble dans l'eau. Par ce mot d'air fixe, M. Black entend une efpèce d'air différent de l'air élaftique commun, répandu néanmoins dans l'atmofphère ; il prévient le Lecteur que c'eft peut-être mal-

PRÉCIS
HISTORIQUE

SUR LES ÉMANATIONS ÉLASTIQUES
*qui se dégagent des corps pendant la com-
bustion, pendant la fermentation, & pendant les effervescences.*

INTRODUCTION.

Un grand nombre de Physiciens & de Chymistes étrangers s'occupent dans ce moment de
recherches sur la fixation de l'air dans les corps
& sur les émanations élastiques qui s'en dégagent, soit pendant les combinaisons, soit par la
décomposition & la résolution de leurs principes:
des Mémoires, des Thèses, des Dissertations
de toute espèce, paroissent en Angleterre, en
Allemagne, en Hollande; les Chymistes Fran-

A

çois feuls femblent ne prendre aucune part à cette importante queftion , & tandis que les découvertes étrangeres fe multiplient chaque année , nos Ouvrages modernes les plus complets, à beaucoup d'égards, qui exiftent en Chymie, gardent un filence prefqu'abfolu fur cet objet.

Ces confidérations m'ont fait fentir la néceffité de préfenter au Public le Précis de tout ce qui a été fait jufqu'à ce jour fur la combinaifon de l'air dans les corps , & de mettre fous fes yeux le tableau des connoiffances acquifes en ce genre. Cet objet eft celui que je me fuis propofé dans la premiere Partie de cet Ouvrage ; j'ai cherché à le remplir avec toute l'impartialité dont je fuis capable, & je me fuis borné, autant que j'ai pu, au fimple rôle d'Hiftorien.

J'ai renfermé dans la feconde Partie les expériences qui me font propres. Celles rapportées dans les deux premiers Chapitres ont pour objet de fixer l'opinion des Chymiftes fur le fyftême de M. Black, & fur celui de M. Meyer. Je crois être arrivé, à cet égard, à des réfultats auffi certains qu'on puiffe l'efpérer en Phyfique. Les Chapitres fuivans traitent de l'union du fluide élaftique avec les chaux métalliques, de la combuftion du phofphore, de la formation de fon acide, de la nature du fluide élaftique, dégagé des diffolutions métalliques, &c. &c.

J'avoue que cette derniere portion de mon Ouvrage n'eft pas auffi complette que je l'aurois défiré, & ce n'eft même, en quelque façon, qu'à regret que je la publie ; cependant, comme dans une route encore peu frayée il eft facile de s'égarer, j'ai fenti combien il étoit important pour moi que je me mîffe à portée de profiter des réflexions des Sçavans, que je m'expofaffe même à leur critique. C'eft principalement dans cette vue que je me fuis déterminé à publier la derniere portion de cet Ouvrage, dans l'état d'imperfection où il eft ; & je préviens d'avance que j'ai befoin de toute l'indulgence du Lecteur.

CHAPITRE PREMIER.

Du fluide élastique désigné sous le nom de Spiritus silvestre *jusqu'à Paracelse, & sous le nom de* Gas, *par Van Helmont.*

LES différens Auteurs qui ont parlé, avant Paracelse, de la substance élastique qui se dégage des corps, pendant la combustion, pendant la fermentation & pendant les effervescences, ne paroissent pas s'être formé des idées bien nettes de sa nature & de ses propriétés : ils l'ont désigné sous le nom de *Spiritus silvestre*, esprit sauvage.

Paracelse, & quelques Auteurs contemporains, ont pensé que cette substance n'étoit autre chose que l'air même tel que celui que nous respirons ; mais on ne voit pas que cette opinion se trouve appuyée chez eux par aucune preuve, encore moins par des expériences. Van Helmont, disciple de Paracelse, & souvent son contradicteur, paroît être le premier qui se soit proposé de faire des recherches suivies sur la nature de cette substance : il lui donne le nom

de *Gas* (1), *Gas filveftre* (2), & il la définit un
efprit, une vapeur incoërcible, qui ne peut ni
fe raffembler dans des vafes, ni fe réduire fous
forme vifible. Il obferve que quelques corps fe
réfolvent prefqu'entierement en cette fubftance ;
» non pas, ajoute-t-il, qu'elle fût en effet con-
» tenue fous cette forme dans le corps dont elle
» fe dégage; autrement rien ne pourroit la rete-
» nir, & elle en diffiperoit toutes les parties ;
» mais elle y eft contenue fous forme concrete,
» comme fixée, comme coagulée. « Cette fubftance, d'après les expériences de Van Helmont, fe
dégage de toute matiere en fermentation ; du
vin, de l'hidromel, du jus de verjus, du pain :
on la peut dégager du fel ammoniac, par la voie
des combinaifons, & des végétaux par la cuif-
fon (3). Cette fubftance eft celle qui s'échappe
de la poudre à canon qui s'enflamme, qui s'éma-

---

(1) *Gas* vient du mot hollandois *Ghoaft*, qui fignifie
Efprit. Les Anglois expriment la même idée par le mot
Ghoft, & les Allemands par le mot *Geift* qui fe prononce
Gaiftre. Ces mots ont trop de rapport avec celui de *Gas*,
pour qu'on puiffe douter qu'il ne leur doive fon origine.

(2) *Complexionum, atque Mixtionum Elementalium
Figmentum.* N°. 13 , 14 & fuiv.

(3) *Tractatus de Flatibus*, N°. 67.

* A iij

ne du charbon qui brûle. L'Auteur prétend, à cette occafion, que foixante-deux livres de charbon contiennent foixante-une livres de *Gas*, & une partie de terre feulement.

C'eft encore à l'émanation du *Gas* que Van Helmont attribue les funeftes effets de la grotte du chien (1) dans le Royaume de Naples, la fuffocation des Ouvriers dans les mines, les accidens occafionnés par la vapeur du charbon, & cet atmofphère mortel qu'on refpire dans les celliers où les liqueurs fpiritueufes font en fermentation.

La grande quantité de *Gas* qui s'échappe des acides en effervefcence, foit avec les terres, foit avec quelques fubftances métalliques, n'avoit pas non plus échappé à Van Helmont (2) ; la quantité qu'en contient le tartre eft fi grande, qu'il brife & fait fauter en éclats les vaiffeaux dans lefquels on le diftille, fi on ne lui donne un libre accès.

Van Helmont, dans fon Traité *de Flatibus*, applique cette théorie à l'explication de quelques phénomènes de l'économie animale. Il prétend,

---

(1) *Complexionum, atque Mixtionum Elementalium Figmentum*, N°. 43.

(2) *Trattibus de Flatibus*, N°. 67 & 68.

N°. 36, que c'est à la corruption des alimens, & au *Gas* qui s'en dégage, que sont dûs ce qu'on nomme les vents, les rapports, &c. & il donne, à cette occasion, une théorie très-bien faite des phénomènes de la digestion. Il explique de même par le dégagement du *Gas*, l'enflûre des cadavres qui ont séjourné dans l'eau, & celle qui survient à quelques parties du corps dans certaines maladies. On est étonné, en lisant ce Traité, d'y trouver une infinité de vérités, qu'on a coutume de regarder comme plus modernes, & on ne peut s'empêcher de reconnoître que Van Helmont avoit dit dès-lors presque tout ce que nous sçavons de mieux sur cette matiere.

C'est dans ce même Traité (1) que Van Helmont examine si ce qu'il appelle le *Gas*, le *Spiritus silvestre* des Anciens, n'est pas, comme le pensoit Paracelse, l'air même que nous respirons réduit à ses parties élémentaires, & combiné dans les corps. Quoique les argumens & les expériences sur lesquels il appuie son opinion ne soient pas très-décisives, il croit cependant pouvoir conclure (2) que le *Gas* est une substance différente

---

(1) *De Flatibus*, Numéro 19.
(2) Idem.

A iv

de l'air que nous respirons ; qu'il a plus de rapports avec l'élément aqueux ; que ce pourroit bien être de l'eau réduite en vapeurs. Dans un autre moment (1), il pense que cette substance pourroit bien résulter de la combinaison d'un acide très-subtil avec un alkali volatil.

Les endroits des Ouvrages de Van Helmont qu'on vient de citer, ne font pas les seuls dans lesquels il parle du *Gas* ; il en est question dans un grand nombre d'autres, & notamment dans son Traité *de Lilhiaſi*, cap. 4. N°. 7. & dans son *Tumulus peſtis* ; c'est même aux vapeurs dont le *Gas* est infecté, qu'il attribue la propagation des maladies épidémiques.

CHAPITRE II.

De l'Air artificiel de Boyle.

CE que Van Helmont appelloit *Gas*, Boyle le nomma *Air artificiel :* muni des nouveaux instrumens dont il a enrichi la Physique, il répéta toutes les expériences de Van Helmont dans le vuide, dans l'air condensé, & à l'air libre. La

____

(1) *De Flatibus*, Numéros 67 & 68.

plûpart de ces expériences fe trouvent dans l'Ouvrage intitulé : *Continuatio novorum Experimento-
rum phyfico-mechanicorum de gravitate & elatere
Aëris ;* quelques autres font éparfes dans plufieurs
de fes Ouvrages.

Boyle reconnut, comme Van Helmont, que
prefque tous les végétaux, détrempés d'une certaine quantité d'eau, & mis dans un état propre
à la fermentation, laiffoient échapper beaucoup
d'air ; que cet air fe dégageoit avec plus de facilité dans le vuide de la machine pneumatique,
que dans un air comprimé ; que tout ce qui arrê-
toit le progrès de la fermentation, fufpendoit
en même temps le dégagement de l'air, & que
l'efprit-de-vin particulierement avoit éminemment cette propriété.

Ces expériences répétées dans un air beaucoup plus condenfé que celui de l'atmofphère,
lui donnerent à peu-près les mêmes réfultats : il
effaya encore de mettre les corps en fermentation
dans une atmofphère d'air artificiel, & il reconnut que, dans certain cas, cet air accéléroit la
fermentation, & qu'il la retardoit dans d'autres :
mais une différence effentielle, déjà obfervée
par Van Helmont, & reconnue par Boyle entre
cet air & celui de l'atmofphère, c'eft que ce

dernier eſt néceſſaire à l'exiſtence d'un grand nombre d'animaux, tandis que l'autre, reſpiré par eux, leur fait perdre ſur le champ la vie. Les expériences de Boyle prouvent, à cet égard, que l'air artificiel n'eſt pas toujours le même, de quelque ſubſtance végétale qu'il ſorte ; & que celui qui eſt produit par l'inflammation de la poudre à canon, préſente des phénomènes qui lui ſont particuliers.

Il eſt aiſé de voir que preſque toutes les découvertes de ce genre, qu'on a coutume d'attribuer à Boyle, appartiennent à Van Helmont, & que ce dernier même avoit pouſſé beaucoup plus loin la théorie ; mais une obſervation qui eſt particuliere à Boyle, & que Van Helmont ne paroît pas avoir ſoupçonné, c'eſt qu'il eſt des corps, tels que le ſoufre, l'ambre, le camphre, &c. qui diminuent le volume de l'air, dans lequel on les fait brûler.

CHAPITRE III.

Expériences de M. Hales sur la quantité de Fluide élastique qui se dégage des corps, dans les combinaisons & dans les décompositions.

LES expériences réunies de Van Helmont & de Boyle apprenoient bien qu'il se dégageoit des corps, dans un grand nombre d'opérations, une grande quantité de fluide élastique analogue à l'air ; que, dans quelques autres opérations, une portion de l'air de l'atmosphère étoit absorbée, ou au moins privée de son élasticité ; mais on n'avoit encore aucune idée, ni des quantités produites, ni des quantités absorbées. M. Hales est le premier qui ait envisagé cet objet sous ce dernier point de vue : il imagina différens moyens également simples & commodes pour mesurer avec exactitude le volume de l'air. Je n'entre point ici dans le détail des différens appareils dont il s'est servi, je m'occuperai particulierement de cet objet dans la suite, j'indiquerai alors les changemens qui leur ont été faits par quel-

ques Phyſiciens , & ceux dont je les crois ſuſceptibles.

Le grand nombre des expériences faites par
M. Hales , & qu'on trouve dans le Chapitre VI
de la Statique des Végétaux , embraſſe preſque
toutes les ſubſtances de la nature ; il a examiné
l'effet de la combuſtion , de la fermentation , des
combinaiſons , &c. Comme ces expériences ſont
encore aujourd'hui ce que nous avons de plus
complet en ce genre , je crois devoir en préſenter ici un tableau raccourci. La forme de Table
m'a paru la plus claire , la plus commode , & la
moins volumineuſe.

EXPÉRIENCES
PAR LA DISTILLATION.

NOMS DES MATIERES miſes en expérience.	NOMBRE de pouces cubiques d'air , produits par la diſtilla- tion.
Sur les Végétaux.	
Un pouce cubique ou 270 grains de bois de chêne..................................	256
Un pouce cubique ou 398 grains de pois....	396
142 grains de tabac ſec...................	153
Un pouce cubique d'huile d'anis...........	22
Un pouce cubique d'huile d'olive..........	80

NOMS DES MATIERES mises en expérience.	NOMBRE de pouces cubiques d'air, produits par la diftillation.
Un pouce cubique de tartre...............	504
Un pouce cubique ou 270 grains d'ambre..	270
Sur les Subftances Animales.	
Un pouce cubique de fang de cochon, diftillé jufqu'à ficcité	33
Un peu moins d'un pouce cubique de fuif...	18
Un pouce cubique ou 482 grains de pointes de cornes de daim.....................	234
Un pouce cubique ou 532 grains d'écaille d'huîtres.............................	324
Un pouce cubique de miel.................	144
Un pouce cubique ou 253 grains de cire jaune.................................	54
Une pierre de veffie humaine de $\frac{3}{4}$ de pouces cubes du poids de 230 grains..............	516
Sur les Minéraux.	
Un pouce cubique ou 316 grains de charbon de terre.............................	360 *
Un pouce cubique de terre franche.........	43
Un pouce cubique d'antimoine.............	28

* C'eft environ 102 grains d'air, fuivant M. Hales; c'eft-à-dire, le tiers du poids total.

NOMS DES MATIERES mises en expérience.	NOMBRE de pouces cubiques d'air, produits par la distillation.
Un demi-pouce de sel marin, & un demi-pouce d'os calcinés..........................	64
Un demi-pouce cubique ou 211 grains de nître avec de la chaux d'os calcinés.........	90

EXPÉRIENCES
SUR LA FERMENTATION.

42 pouces de petite bierre en sept jours......	639
26 pouces cubiques de pommes écrasées en treize jours............................	968

EXPÉRIENCES
SUR LES DISSOLUTIONS
ET LES COMBINAISONS.

NOMS DES MATIERES mises en expérience.	NOMBRE de pouces cubiques d'air, produits.	NOMBRE de pouces cubiques d'air, absorbés.
Un demi-pouce cubique de sel ammoniac avec un pouce cubique d'huile de vitriol, le premier jour..........................	5 à 6	
Les jours suivans, il y en eut quinze d'absorbés.		
Six pouces cubiques d'écailles d'huîtres, & autant de vinaigre distillé en quelques heures.....	29	
En neuf jours, il s'en est détruit 21, & les 8 autres disparurent en jettant de l'eau tiéde sur le mélange.		
Deux pouces cubiques d'eau régale versés sur un anneau d'or applati....................	4	
Deux pouces cubiques d'eau régale versés sur $\frac{1}{4}$ de pouce d'añtimoine, en trois ou quatre heures	38	

NOMS DES MATIERES mises en expérience.	NOMBRE de pouces cubiques d'air, produits.	NOMBRE de pouces cubiques d'air, abſor-bés.
Quelques heures après, il s'en trouva 14 de détruits.		
Un pouce cubique d'eau-forte verſé ſur un quart de pouce d'antimoine en pluſieurs fois...	130	
Un pouce cubique d'eau-forte ſur un quart de pouce de limaille de fer.....................	43	
Un quart de pouce de limaille de fer, & un pouce cubique de ſoufre en poudre............	....	19
Un pouce cubique d'eau-forte verſé ſur autant de marcaſſite en poudre...................	....	85
Un pouce cubique d'eau-forte ſur autant de charbon de terre, 18 pouces, dont 12 furent re-produits les jours ſuivans.....	....	18
Deux pouces cubiques de chaux vive, & quatre de vinaigre...	....	22
Deux pouces cubiques de chaux, & autant de ſel ammoniac....	....	115
De la charpie trempée dans du ſoufre fondu, enflammée, ab-ſorba dans un grand vaiſſeau..	....	198
Dans un vaiſſeau plus petit.....	....	150

NOMS

NOMS DES MATIERES mises en expérience.	NOMBRE de pouces cubiques d'air, produits.	NOMBRE de pouces cubiques d'air, absorbés.
Deux grains de phosphore de Kunkel..........................		28
Après l'inflammation, il n'avoit perdu qu'un demi-grain ; quelque temps après, son poids se trouvoit augmenté d'un grain.		
Un morceau de papier brun trempé dans une forte solution de nître, & enflammé sous une cloche par le moyen d'un verre ardent, produisit...........	80	
En quelques jours, cette quantité d'air diminua.		

EXPÉRIENCES
SUR LES CORPS ENFLAMMÉS
ET SUR LA RESPIRATION
DES ANIMAUX.

Une chandelle allumée, de $\frac{3}{5}$ de pouces anglois de diametre......................		78

B

NOMS DES MATIERES mises en expérience.	NOMBRE de pouces cubiques d'air, produits.	NOMBRE de pouces cubiques d'air, absorbés.
Un rat enfermé dans un récipient de 2024 pouces cubiques de capacité...................... 73 pouces cubiques d'air, respiré par un homme, jusqu'à ce qu'il fût prêt de suffoquer, se trouverent réduits de 20 pouces.		78

Il s'en faut bien que ces expériences soient les seules que contienne le sixiéme Chapitre de la Statique des Végétaux de M. Hales; on en rencontre dans cet Ouvrage un grand nombre d'autres qui ne sont pas susceptibles d'être présentées dans une Table; l'Auteur y joint presque par-tout des vues tout-à-fait neuves, d'excellentes réflexions; & je ne sçaurois trop engager le Lecteur à lire le texte même de l'Auteur : il y trouvera un fond presqu'inépuisable de méditation. Quelque peu susceptible d'extrait que soit la plus grande partie de ce Chapitre, je vais continuer d'essayer d'en présenter ici le précis.

C'eſt dans cet Ouvrage qu'on trouve le premier germe de la découverte de l'exiſtence de l'air dans les eaux appellées juſques alors improprement *acidules* : M. Halles a obſervé non-ſeulement que ces eaux contenoient une fois autant d'air que les eaux communes, mais encore il a ſoupçonné que c'étoit cet air qui leur donnoit ce montant, cette vivacité qu'on y remarque.

Quoique M. Hales ſoupçonnât que les acides en général, & l'eſprit de nître particulierement, contenoient de l'air, la diſtillation de l'eau-forte cependant lui donna un produit contraire; il obſerva une diminution notable dans le volume de l'air, au lieu d'une augmentation qu'il prévoyoit. La conſéquence qu'il en tire eſt que les vapeurs acides abſorbent de l'air ; d'où il conclud que celui qu'on obtient par la combinaiſon des acides avec les ſubſtances alkalines pourroit bien ne pas appartenir en totalité à ces dernieres, que l'acide lui-même pourroit bien en fournir quelque portion, & qu'il eſt très-probable que c'eſt cette derniere ſubſtance qui produit l'air qu'on retire des diſſolutions métalliques par les acides.

C'eſt à la grande quantité d'air qui ſe dégage du nître par la détonation que M. Hales attribue les effets de la poudre à canon ; à quoi il penfe néanmoins qu'on doit ajouter l'expanfion de l'eau qui fe réduit en vapeurs. Si le tartre qui contient, comme le nître, une grande quantité d'air ne détonne pas comme lui, c'eft, fuivant M. Hales, parce que l'air y eft plus étroitement uni, qu'il faut plus de chaleur pour l'en détacher, & c'eft de cette grande quantité d'air contenu dans le tartre, & de fa grande adhérence avec lui qu'il déduit l'explication des effets de la poudre fulminante.

M. Hales a effayé de déterminer la pefanteur fpécifique de l'air qu'il avoit dégagé du tartre par la diftillation ; mais il n'a pas trouvé qu'il différât aucunement, à cet égard, de l'air de l'atmofphere ; il a eu le même réfultat, foit qu'il employât un air nouvellement extrait du tartre, foit qu'il employât un air qui en avoit été dégagé plus de dix jours auparavant.

Il n'avoit pas échappé à M. Halles que la quantité d'air abforbé, foit par la combuftion du foufre, foit par celle des chandelles, foit enfin par la refpiration des animaux, préfentoit des phénomènes différens, fuivant qu'on employoit des vafes, des récipiens plus ou moins grands : il obferve, à cet égard, que la quantité d'air abforbée eft généralement plus grande dans les grands vaiffeaux que dans les petits ; que cependant elle eft plus confidérable dans les petits que dans les grands , en la confidérant proportionnellement à leur capacité. Il remarque encore que cette abforbtion d'air eft limitée ; qu'elle ne peut aller que jufqu'à un point déterminé ; qu'au-delà de ce terme elle ne peut plus avoir lieu.

M. Hales , dans fes Expériences , a obfervé des alternatives fingulieres de production & d'abforbtion d'air , dont il ne paroît pas avoir faifi la véritable caufe : la détonation du nître , par exemple, lui a fourni une grande quantité d'air ; mais cet air a diminué chaque jour d'élafticité & de volume : il a obfervé la même chofe à l'égard d'un grand nombre de ces airs factices. C'eft à l'eau fur laquelle M. Hales a prefque toujours opéré, que tient ce phénomene ; on verra , dans la fuite , que la plûpart des fluides dégagés , & notamment celui qu'on a coutume de défigner fous le nom d'air fixe , ont une tendance très-grande à s'unir à l'eau , & que cette derniere eft fufceptible d'en diffoudre un volume plus qu'égal au fien. Il réfulte de-là que M. Hales n'a point eu de réfultats exacts dans la plûpart de fes expériences, qu'il s'eſt trouvé dans preſque toutes une ſource d'erreurs qu'il ne connoiſſoit pas, & qu'il ſera néceſſaire de les répéter un jour avec des précautions particulieres.

C'eſt à cette tendance que l'air fixe a de ſe combiner avec l'eau, qu'on doit attribuer un phénomène obſervé par M. Hales dans la combuſtion des chandelles ; il a remarqué que l'abſorbtion de l'air avoit lieu, non-ſeulement pendant la combuſtion, mais qu'elle ſe continuoit encore pluſieurs jours après : on verra dans la ſuite, au Chapitre qui traite des Expériences de M. Priſtley, que l'air dans lequel on a brûlé des chandelles, eſt en grande partie dans l'état d'air fixe ; qu'il eſt par conſéquent ſuſceptible de ſe combiner avec l'eau, & c'eſt en raiſon de cette combinaiſon que le volume de l'air continuoit à diminuer. C'eſt auſſi par la même cauſe que les différens airs qu'il a obtenus ne ſe ſont plus trouvés ſuſceptibles de réduction lorſqu'ils avoient bouillonné à travers de l'eau. En effet, toute la partie fixable s'y étoit déja combinée.

L'air dans lequel on a brûlé du ſoufre, n'eſt pas ſuſceptible de recouvrer ſon élaſticité ; il reſte dans le même état, quelque long temps qu'on le conſerve.

M. Hales, perfuadé que l'air dégagé des corps, de même que celui qui a fervi à la combuftion ou à la refpiration des animaux, n'étoit point diffé-rent de celui de l'atmofphère, & qu'il ne produi-foit des effets particuliers, qu'en raifon de ce qu'il étoit infecté & rendu nuifible par des va-peurs qui lui étoient étrangeres, a effayé de le filtrer à travers des flanelles imbibées de fel de tartre en liqueur, & ce moyen lui a parfaitement réuffi. L'air, au fortir de ce filtre, s'eft trouvé pro-pre à la refpiration des animaux. De même une chandelle enfermée fous un récipient garni d'une flanelle imbibée de fel de tartre, a brûlé beaucoup plus long-temps qu'elle n'auroit fait dans un réci-pient non garni, quoique la flanelle en diminuât cependant confidérablement la capacité. On verra dans la fuite quel eft l'effet du fel de tartre fur l'air dans cette expérience, & de quelle maniere il le rend falubre; mais une remarque intéreffan-te, c'eft que les diaphragmes dans lefquels l'air avoit été ainfi filtré, fe trouvoient augmentés fenfiblement de poids.

C'eft également M. Hales qui nous a appris qu'un affez grand nombre de fubftances, telles que les pois, la cire, les écailles d'huîtres, l'ambre, &c. fourniffoient par la diftillation un air fufceptible de s'enflammer, & qu'il conſervoit cette qualité même après avoir été lavé dans l'eau.

Tous les Phyſiciens de ſon temps penſoient que le feu ſe fixoit, ſe combinoit avec les métaux, & que c'étoit cette addition qui les réduiſoit à l'état de chaux. M. Hales ne s'eſt point écarté de cette opinion ; mais il a de plus avancé que l'air contribuoit à cet effet, & que c'étoit en partie à lui qu'étoit dûe l'augmentation de poids des chaux métalliques. Il fondoit cette opinion ſur ce qu'ayant ſoumis 1922 grains de plomb à la diſtillation, il n'en avoit retiré que ſept pouces d'air, tandis qu'une égale quantité de minium lui en avoit fourni 34.

M. Hales a encore remarqué que le phoſphore ou plutôt le pirophore de M. Homberg diminuoit le volume de l'air dans lequel on le brûloit ; que le nître ne pouvoit plus détonner dans le vuide ; que l'air étoit néceſſaire à la formation de la plûpart des criſtaux des ſels ; que les végétaux en fermentation produiſoient d'abord une grande quantité d'air qu'ils en abſorboient enſuite, &c. &c. Quant à la diminution du volume de l'air qui s'opere pendant la combuſtion de quelques corps, tantôt il l'attribue à la perte de ſon élaſticité, tantôt il ſemble croire que cet air eft réellement fixé & abforbé pendant la combuftion, & fon Ouvrage femble laiffer quelque incertitude à cet égard.

Quoi qu'il en foit, M. Hales termine fon fixiéme Chapitre de la Statique des Végétaux, en concluant que l'air de l'atmofphère, le même que celui que nous refpirons, entre dans la compofition de la plus grande partie des corps, qu'il y exifte fous forme folide, dépouillé de fon élafticité, & de la plûpart des propriétés que nous lui connoiffons ; que cet air eft, en quelque façon, le lien univerfel de la nature, qu'il eft le ciment des corps, que c'eft à lui qu'eft dûe la grande dureté de quelques-uns, une grande partie de la pefanteur des autres ; que cette fubftance eft compofée de parties fi durables, que la violence du feu n'eft point capable de les altérer, & que même, après avoir exifté pendant des fiécles fous forme folide & concrete, & avoir paffé par des épreuves de toute efpèce, elle peut, dans certaines circonftances, reprendre toute fon élafticité, & redevenir un fluide élaftique & rare, tout femblable à celui de notre atmofphère. Auffi M. Hales finit-il par comparer l'air à un véritable Prothée, qui, tantôt fixe, tantôt volatil, doit être compté au nombre des principes chymiques , & occuper un rang qu'on lui avoit refufé jufqu'alors.

CHAPITRE IV.

Sentiment de M. Boerhaave fur la fixation de l'air dans les corps, & fur les émanations élaftiques.

LE célebre Boerhaave auquel nous fommes redevables d'un excellent Traité fur les Elémens, ne s'eft pas toujours parfaitement accordé avec lui-même fur la combinaifon & la fixation de l'air : tantôt il femble nier que l'air puiffe fe combiner dans les corps , & contribuer à la formation de leurs parties folides ; tantôt il femble adopter l'opinion contraire , & fe ranger du côté de M. Hales. Enfin , en rapprochant ce que dit ce célebre Auteur dans différens endroits de fes Ouvrages, on voit clairement que les expériences de M. Hales, quand elles parurent, lui firent changer de fentiment , & qu'il adopta jufqu'à un certain point le fyftême de la fixation de l'air dans les corps : mais, fans doute, en même temps que cette théorie ne lui parut pas fuffifamment démontrée pour l'obliger à retrancher de ſes ouvrages ce qu'il avoit dit de contraire.

Quoi qu'il en ſoit, c'eſt à la fin de ſon Traité ſur l'air, qu'il s'explique de la maniere la plus formelle ſur l'opinion de M. Hales : on y trouve une ſuite d'expériences faites avec cette exacti-tude qui caractériſe les ouvrages de M. Boer-haave ſur l'air dégagé des corps par la combi-naiſon, & on ne peut diſconvenir même que l'appareil qu'il a employé n'ait quelqu'avantage ſur celui de M. Hales : cet avantage conſiſte à avoir évité que l'air dégagé n'eût de contact avec la ſurface de l'eau ; on a déja vu qu'à défaut de cette précaution, on pouvoit tomber dans des erreurs conſidérables ſur les quantités d'air produites ou abſorbées.

C'eſt dans le vuide de la machine pneumati-que, & ſous un récipient de capacité connue, que M. Boerhaave a toujours opéré : il avoit ſoin de pomper exactement l'air avant de faire le mélange ; il jugeoit enſuite de la quantité d'air dégagé par le moyen d'un barometre d'é-preuve. C'eſt par le moyen de cet appareil qu'il a reconnu qu'un gros & demi d'yeux d'écre-viſſes diſſout dans une once & demie de vinaigre diſtillé, produiſoit 81 pouces cubiques d'air :

qu'une dragme de craie diffoute dans deux onces du même acide, en fourniffoit 151 pouces : que la combinaifon de l'huile de tartre, foit avec le vinaigre, foit avec l'acide vitriolique, en fourniffoit également une quantité très-confidérable : qu'il étoit d'autres combinaifons, telles que la diffolution du fer par l'acide nitreux, qui, quoiqu'accompagnées d'une effervefcence très-vive, ne donnoient aucun dégagement de fluide élaftique dans le vuide : enfin, que l'acide nitreux fumant & l'huile de carvi donnoient un dégagement d'air fi confidérable, que l'expérience étoit dangereufe, à moins qu'on n'eût la précaution d'employer des vafes extrêmement grands, & de n'opérer que fur des quantités très-petites.

Ces expériences font fuivies de quelques détails fur le dégagement d'air qui a lieu dans la combuftion, dans la fermentation, dans la putréfaction, & dans quelques diftillations : enfin M. Boerhaave termine fon Traité par les réflexions qui fuivent, & que j'ai cru devoir tranfcrire dans leur entier.

” Tous ces différens moyens qui fe reffemblent
” en ce qu'ils agiffent par le moyen du feu,
” nous prouvent que l'air élaftique entre dans la
” compofition des corps, comme partie confti-

» tuante, & même comme partie affez confidé-
» rable. Si quelqu'un en doute encore, il avouera
» au moins que par le moyen du feu, on peut
» tirer de tout corps connu une matiere, qui
» étant une fois féparée, eft fluide & élaftique ;
» qui peut être comprimée par des poids ; qui fe
» contracte par le froid, & qui fe dilate par la
» chaleur, ou par la diminution du poids qui la
» preffe : or quand ce que nous appellons air élaf-
» tique eft féparé des corps avec lefquels il eft
» mêlé, nous n'y connoiffons d'autres propriétés
» que celles-là. Il faut donc convenir que le feu fé-
» pare de tous les corps une matiere élaftique, &
» que par conféquent cette matiere aërienne réfide
» dans les corps, mais de façon qu'elle n'y pro-
» duit pas les effets de l'air auffi long temps
» qu'elle eft liée & unie avec eux. Dès qu'elle en
» eft détachée, & qu'elle vient à fe joindre avec
» d'autres parties femblables à elle, auffitôt elle
» reprend fa premiere nature, & refte air, jufques
» à ce que, divifée de nouveau en fes élémens,
» elle fe rejoigne avec d'autres parties d'une
» efpèce différente, & avec lefquelles elle peut
» refter en repos, & ne former pour un temps
» qu'une feule maffe, fans que cependant elle
» perde rien de fa premiere nature ; car elle fe

» montre toujours la même, dès qu'elle est débar-
» rassée des liens qui la retiennent, & jointe
» avec d'autres particules aëriennes de même
» espèce. Elle est donc immuable dans toutes ces
» différentes circonstances : séparée d'un corps,
» elle est un véritable air comme auparavant, &
» disposée à se joindre avec d'autres parties, pour
» reformer de nouveau un corps, tel que celui
» qu'elle vient de quitter. Aucun art ne démon-
» tre plus clairement que la Chymie, cette
» espèce de résolution & de composition ; & j'en
» donnerois divers exemples, si je n'avois pas lu
» depuis peu l'excellent Traité que le fameux
» Docteur Hales a publié sur la Statique des Vé-
» gétaux : dans le sixiéme Chapitre de ce Livre,
» l'Auteur a rassemblé avec beaucoup de peine
» & de justesse, & a proposé, dans le meilleur
» ordre possible, les expériences qui ont été faites
» sur ce sujet, & il a épuisé la matiere. J'y ren-
» voie donc mes Lecteurs, ils y verront com-
» ment l'art est parvenu à nous dévoiler la na-
» ture.

    » Il est temps de finir cette dissertation sur
» l'air, &c. «

CHAPITRE V.

Sentiment de M. Stalh sur la fixation de l'air dans les corps.

QUOIQUE quelques-uns des Ouvrages de M. Stalh soient postérieurs à la publication des expériences de M. Hales, il ne paroit cependant avoir adopté en rien son système sur la fixation de l'air dans les corps. Il n'y a pas même d'apparence que ses expériences lui aient été connues. Quoi qu'il en soit, il écrivoit encore en 1731, dans son Ouvrage intitulé : *Experimenta observationes & animadversiones, §. 47.* » Elastica illa » expansio Aëri, ita per essentiam propria est, ut » nunquam ad verè densam aggregationem nec » ipse in se, nec in ullis mixtionibus coivisse » sentiri possit. «

CHAPITRE VI.

Expériences de M. Venel sur les eaux improprement appellées acidules, *& sur le fluide élastique qu'elles contiennent.*

C'EST ainsi que quelque sensation qu'eût fait parmi les Sçavans le Traité de M. Hales, lors de sa publication, il n'opéra pas cependant sur le champ dans la théorie physique & chymique, la réforme qu'on avoit lieu d'en attendre: ses expériences ne formoient, en quelque façon, que des pierres d'attente qui avoient besoin d'être liées à l'édifice des connoissances physiques.

M. Venel, aujourd'hui Professeur de Chymie en l'Université de Montpellier, jetta les premiers fondemens de cette entreprise dans deux Mémoires lus en 1750, dans les séances de l'Académie Royale des Sciences ; on les trouve imprimés dans le second Volume des Mémoires présentés par les Sçavans étrangers. L'objet de ces deux Mémoires est de prouver, contre l'opinion des Anciens, & contre le sentiment de M. Hoffman & de M. Slarre, que les eaux de Seltz & la plûpart

part de celles qu'on a coutume de défigner fous
le nom d'acidules, ne font ni acides ni alkalines;
que le goût piquant qu'elles impriment, cette
faveur vive & pénétrante, ces bulles qui s'élè-
vent à leur furface, & qui imitent l'effet du vin
de Champagne, de la bierre & du cidre, ne font
dûes qu'à une quantité confidérable de fluide
élaftique ou d'air combiné dans ces eaux, &
dans un état de diffolution ; M. Venel eft parvenu à dégager cet air par la fimple agitation, à
le faire paffer dans une veffie mouillée, & à en
mefurer la quantité. Quelque moyen qu'il ait
employé pour parvenir au même but, foit qu'il
fe foit fervi de la machine pneumatique, de la
chaleur ou de l'appareil de M. Hales, le réfultat
a toujours été le même, & il a obfervé conftamment que l'eau de Seltz contenoit environ un
cinquiéme de fon volume de fluide élaftique.

Lorfque l'eau de Seltz a été dépouillée, foit
par l'agitation, foit par la chaleur, foit par quelque autre moyen que ce foit, de l'air qu'elle tenoit en diffolution, elle n'a plus aucune des propriétés qui la conftituoient acidule : au lieu du
goût piquant qu'elle faifoit fentir, elle n'a plus
qu'une faveur platte & fapide, elle ne mouffe
plus ; en un mot, ce n'eft plus qu'une eau ordi-

naire, que M. Venel a reconnue néanmoins contenir un peu de sel marin.

M. Venel a cru devoir pousser encore plus loin ses recherches, & après avoir prouvé que c'étoit à l'air que l'eau de Seltz devoit ses propriétés, il a essayé de combiner de l'air avec de l'eau, de refaire une eau aërée, semblable à celle de Seltz; & voici à-peu-près les réflexions qui l'ont guidé dans ses expériences.

L'air, a-t-il dit, est soluble dans l'eau (1); l'exemple des vins mousseux, celui même de l'eau de Seltz est démonstratif; mais il faut en même temps considérer ce fluide comme ayant plus de rapports avec lui-même, qu'avec le dissolvant qu'on emploie; d'où il suit que ce dissolvant n'aura jamais assez de force pour rompre par lui-même l'aggrégation de l'air, & qu'une des conditions préalables à la dissolution est la rupture même de cette aggrégation.

Aucun moyen n'a paru à M. Venel plus propre à remplir cet objet que de composer les sels dans l'eau même qui devoit les dissoudre; il

____

(1) M. Venel a toujours supposé que le fluide élastique, contenu dans les eaux minérales, étoit le même que l'air de l'atmosphère; on verra dans la suite ce que l'on doit penser de cette opinion.

étoit sûr d'exciter par ce moyen une effervescence, & par conséquent de dégager une grande quantité d'air ; or cet air étant dans un état de division absolue, il étoit nécessairement dans les circonstances les plus favorables à la dissolution.

M. Venel s'est encore confirmé dans cette opinion par le raisonnement qui suit. Une effervescence, selon lui, n'est autre chose qu'une vraie précipitation d'air ; deux corps, en s'unissant ensemble, n'excitent une effervescence que parce qu'ils ont plus de rapports entr'eux, que l'un des deux, ou les deux ensemble n'en ont avec l'air auquel ils étoient unis ; mais on sçait que dans un grand nombre de précipitations chymiques, si l'opération se fait à grande eau, & que le précipité soit soluble dans l'eau, il se redissout à mesure qu'il est précipité ; la même chose devoit arriver à l'air dans des circonstances semblables.

D'après toutes ces réflexions, M. Venel a introduit dans une pinte d'eau deux gros de sel de soude, & autant d'acide marin. (Il s'étoit assuré préalablement de deux choses : 1°. que cette proportion étoit précisément celle nécessaire pour la parfaite saturation ; 2°. que c'étoit celle en même temps qu'on obfervoit dans les eaux de Seltz). Il a eu foin de faire la combinaifon dans un vafe à col étroit, même d'emplóyer la fuffocation, en difpofant les matieres de façon qu'elles ne puffent communiquer enfemble qu'après que la bouteille étoit bouchée. Il eft parvenu, par ce moyen, à compofer une eau, non-feulement analogue à celle de Seltz, mais encore beaucoup plus chargée d'air : on a vu, en effet, que l'eau naturelle ne contenoit que le quart de fon volume d'air tout au plus, tandis que M. Venel eft parvenu à en introduire près de moitié dans fon eau factice.

Ces expériences de M. Venel laiffoient encore à expliquer un phénomene très-fingulier qui fembloit contredire fon opinion : M. Hoffman avoit obfervé que les eaux de Troplitz & de Piperine en Allemagne, ainfi que beaucoup d'autres qui font fpiritueufes ou acidules, ne contenoient abfolument rien de falin ; il étoit donc évident que ces eaux n'étoient point devenues aërées par les moyens employés par M. Venel ; & il en réfultoit évidemment que fon procédé dans bien des cas, n'étoit pas celui de la nature.

L'explication de ce phénomene étoit réfervée

à-propos qu'il emploie ce nom, mais qu'il aime mieux se servir d'un mot déja connu en physique, que d'en inventer un nouveau avant d'être parfaitement instruit de la nature & des propriétés de la substance qu'il désigne.

L'air fixe, d'après les expériences de M. Black, peut être chassé de deux manieres de la terre calcaire ; ou par la violence du feu, ou par la voie de la dissolution dans les acides. La terre calcaire, dans le premier cas, c'est-à-dire, par la calcination, perd plus de moitié de son poids : ce qui reste n'est plus qu'une terre absolument privée d'air, & qui, en conséquence, ne fait plus aucune effervescence avec les acides. La chaux, (car c'est le nom sous lequel on a coutume de désigner la terre calcaire dans cet état,) ne doit sa causticité, suivant M. Black, qu'à la grande analogie qu'elle a avec l'air dont elle a été privée par la calcination ; aussi dès qu'on l'applique à quelque substance animale ou végétale, elle s'empare avec avidité de l'air qui y est contenu, elle la décompose, & c'est cette décomposition, cette espèce de destruction, qu'on désigne improprement par ces mots, *brûler, cautériser.*

Cette propriété qu'a la chaux d'enlever l'air à différens corps, fournit un moyen de commu niquer fa caufticité aux alkalis fixes & volatils. Si dans une leffive d'alkali fixe, on met une certaine quantité de chaux, elle s'empare de tout l'air fixe contenu dans l'alkali; elle perd, en même temps, toutes les propriétés qui la conftituoient chaux, elle acquiert celle de faire effervefcence avec les acides, elle devient infoluble dans l'eau, en un mot, ce n'eft plus qu'une terre calcaire ordinaire : d'un autre côté, l'alkali fixe, qui a été dépouillé de fon air, ne fait plus effervef-cence avec les acides, il n'eft plus fufceptible de criftallifer, il eft devenu cauftique, defféché par le feu, & mis fous forme concrette, il forme la pierre à cautere.

La même chofe arrive à l'alkali volatil. Si l'on diftille du fel ammoniac avec de la craie, on obtient un alkali volatil concret, qui fait effer-vefcence avec les acides; mais fi, au lieu de craie, on employe de la terre calcaire privée d'air, autrement dit de la chaux, l'alkali volatil, à mefure qu'il eft dégagé, fe trouve dépouillé de fon air par la chaux, il paffe fous forme fluide; c'eft un alkali volatil cauftique, qui ne fait point d'effervefcence avec les acides, & qui n'eft point fufceptible de criftallifation. Il fuit de ces expé-riences de M. Black, que l'adhérence de l'air fixe n'eſt pas la même dans tous les corps; qu'il a plus de rapport avec la terre calcaire, qu'avec l'alkali fixe; avec l'alkali fixe, qu'avec l'alkali volatil, &c.

Un ſecond moyen d'enlever à la terre calcaire l'air avec lequel elle eſt combinée, eſt de l'unir aux acides. Si l'on fait diſſoudre de la pierre à chaux ou de la craie dans un acide quelconque, on obſerve une vive efferveſcence, ou ce qui eſt la même choſe, un dégagement conſidérable d'air fixe; la terre, qui a plus de rapport avec l'acide qu'avec l'air fixe, abandonne ce dernier; alors jouiſſant de ſon élaſticité, il s'échappe, ſe diſſipe & ſe confond avec l'air de l'atmoſphère. Si enſuite on précipite la terre de cette ſolution, on peut à volonté l'obtenir, ou ſous la forme de craie, ou ſous celle de chaux: elle eſt craie, ſi on précipite par un alkali ordinaire; elle eſt chaux, ſi l'on précipite par un alkali cauſtique, c'eſt-à-dire, par un alkali privé d'air. Ce qu'il y a de plus remarquable, c'eſt que la pierre à chaux perd à-peu près, ſuivant M. Black, la même quantité de ſon poids dans cette expérience, que par la calcination, & qu'elle recouvre ſon pre- mier poids, lorſqu'on la précipite ſous forme de terre calcaire, c'eſt-à-dire, avec tout ſon air.

M. Black explique par le même principe pourquoi la chaux n'eſt pas ſoluble en totalité dans l'eau; pourquoi la partie qui ſe diſſout ſe convertit ſi aiſément en une pellicule inſoluble dans l'eau, & connue ſous le nom de crême de chaux: Les terres calcaires, ſuivant lui, ont plus de rapport, plus d'analogie avec l'air, qu'elles n'en ont avec l'eau; d'où il ſuit que ſi on met de la chaux dans de l'eau, une partie de la chaux doit enlever à l'eau l'air fixe qu'elle contenoit, & ſe précipiter ſous forme de terre calcaire: mais, en même temps, une autre portion de la même chaux, celle qui n'a pu trouver d'air fixe pour s'en ſaturer, ſe diſſout dans l'eau, & forme de l'eau de chaux; ſi l'on expoſe enſuite cette eau à l'air, bientôt les particules de chaux voiſines de la ſurface attirent l'air fixe flottant dans l'atmoſphère; elles redeviennent inſolubles, & ſe raſſemblent à la ſurface en une pellicule inſoluble, qui n'a plus aucune des propriétés de la chaux, & qui ne diffère plus des terres calcaires. La preuve de la vérité de cette théorie, c'eſt qu'on prévient cette réduction de chaux en terre calcaire, en conſervant l'eau de chaux dans des vaiſſeaux fermés, où elle ne peut recevoir le contact d'un air circulant.

M. Black a encore obfervé que la magnéfie, la bafe du fel d'epfum, avoit la propriété d'a-doucir l'eau de chaux ; d'où il fuit que l'air fixe a plus d'analogie avec la terre calcaire ordinaire qu'avec la bafe du fel d'epfum. Enfin, de toutes fes expériences, M. Black conclut qu'on pour-roit faire les changemens qui fuivent dans la colonne des acides de la Table des affinités de M. Geoffroy, & qu'on pourroit y ajouter une nouvelle colonne, en confidérant les fubftances alkalines dans leur état de pureté & privées d'air fixe, ainfi qu'il fuit :

ACIDES.	AIR FIXE.
Alkali fixe.	Terre calcaire.
Terre calcaire.	Alkali fixe.
Alkali volatil & ma-gnéfie.	Magnéfie.
	Alkali volatil.

Les bornes d'un extrait ne m'ont pas permis d'entrer ici dans le détail d'un grand nombre d'expériences intéreffantes fur la diminution du poids qu'éprouvent les alkalis lorfqu'on les dif-fout dans les acides, fur la maniere de rendre les alkalis cauftiques par le feu, &c.

Je ne puis cependant me difpenfer d'ajouter en terminant cet article, que M. Black foupconnoit que l'air fixe contenu dans les alkalis s'unissoit aux métaux par la voie humide dans les précipitations métalliques, & que c'étoit à cette cause qu'on devoit rapporter l'augmentation de poids de ces précipites & peut-être même les effets surprenans de l'or fulminant (1).

---

(1) *Nota*. On croit devoir prévenir le Lecteur que la théorie de l'air fixe n'avoit pas acquis au sortir des mains de M. Black tout l'ensemble & toute la consistance qu'on lui a donné dans cet article ; elle ne l'a acquise que d'après l'Ouvrage de M. Jacquin, dont on rendra compte incessamment. On a cru devoir ajouter ici cette remarque, non pas dans la vue de diminuer en rien les sentimens de reconnoissance & d'admiration dûs au mérite & au génie de M. Black, auquel appartient, sans équivoque & sans partage, le mérite de l'invention, mais pour rendre à M. Jacquin une justice qui lui est dûe, & pour éviter de sa part une réclamation qui seroit fondée. Au reste, on verra bientôt que M. Jacquin s'est écarté du sentiment de M. Black, en ce qu'il a supposé que l'air fixe étoit le même que celui qui compose notre atmosphère.

CHAPITRE VIII.

Du fluide élaſtique qui ſe dégage de la poudre à canon, par M. le Comte de Saluces.

TANDIS que M. Black publioit en Angleterre la théorie dont on vient de rendre compte, M. le Comte de Saluces s'occupoit à Turin de recherches très-intéreſſantes ſur le fluide élaſtique qui ſe dégage de la poudre à canon, lorſqu'elle s'enflamme. Il avoit reconnu que ce fluide en liberté occupoit un eſpace deux cents fois plus grand que celui de la poudre dont il s'étoit dégagé. Une ſuite nombreuſe d'expériences lui avoient appris que ce fluide étoit élaſtique, comme l'air de l'atmoſphère; qu'il ſe comprimoit, comme lui, en raiſon du poids dont il étoit chargé; qu'il en différoit néanmoins en ce qu'il éloignoit la flamme des chandelles, & qu'il étoit mortel pour les animaux qui le reſpiroient. Il avoit eſſayé de filtrer cet air à travers des linges, ou des gazes bien imbibées d'alkali fixe en *deliquium :* il étoit reſté ſur ces filtres un peu de matiere charbonneuſe de l'alkali fixe & quelques veftiges de tartre vitriolé ; l'air , après cette épreuve, avoit perdu toutes fes qualités mal-faifantes , & ne paroiffoit plus différer en rien de l'air ordinaire.

Un autre moyen qu'indique M. de Saluces de rendre à l'air dégagé de la poudre à canon toutes les propriétés de l'air ordinaire, c'eft de le tenir pendant douze heures à un degré de froid égal à celui de la congellation de l'eau. Il affure avoir répété la même expérience fur l'air dégagé de l'effervefcence d'un acide avec une fubftance alkaline, & avoir obtenu le même réfultat.

Indépendamment de ces expériences, qui te-noient effentiellement à l'objet dont M. le Comte de Saluces s'occupoit, fes Mémoires en contien-nent beaucoup d'autres , propres à répandre de la lumiere fur la théorie de la combinaifon de l'air dans les corps. Il obferve que l'air dégagé de la plûpart des effervefcences éteint la flamme ; que celui dégagé de la combinaifon de l'alkali volatil avec le vinaigre forme exception à cette régle gé-nérale ; que l'acide nîtreux, combiné avec l'alkali fixe dans le vuide , ne produit point d'air ; que cette combinaifon refte en grande partie déli-quefcente , tant qu'on la tient dans le vuide , mais qu'elle criftallife bientôt quand elle a été

expofée quelques temps à l'air. Cette expérience
rapprochée de celles de M. Black fur la criftallifation de l'alkali fixe, femble mettre en droit de
foupçonner que la combinaifon de l'air eft néceffaire à la formation des criftaux des fels.

M. de Saluces obferve encore que la poudre
détonne dans l'air quelque infecté qu'il puiffe être,
foit qu'on y ait fait brûler du foufre, foit qu'on y
ait éteint des chandelles, foit qu'il ait été dégagé
par la détonnation d'une autre portion de poudre. Il fait voir enfuite que les phénomènes de
la poudre fulminante font les mêmes que ceux
de la poudre à canon ; qu'ils font dûs au dégagement du même fluide élaftique: mais ce qui eft de
très-fingulier, c'eft que la quantité de ce fluide qui
fe dégage dans la poudre fulminante, eft moindre
que celle qui fe dégage de la poudre à canon ; d'où
M. de Saluces conclut que la nature des effets
font moins en raifon de la quantité de fluide dégagé, qu'en raifon de la rapidité, & s'il eft permis de fe fervir de ce terme, en raifon de l'*inf-
tantanéité* du dégagement. Je ne parle point ici
d'une infinité de faits intéreffans, dont le Mémoire de M. de Saluces eft rempli, parce qu'ils
font, en quelque façon, étrangers à mon objet:
j'ajouterai feulement, en terminant cet article,

que M. le Comte de Saluces n'admet qu'une feule
& même efpèce d'air, en quoi fon opinion differe effentiellement de celle de M. Black.

CHAPITRE IX.

*Application de la doctrine de M. Black fur
l'air fixe ou fixé à l'explication des principaux phénomènes de l'économie animale,
par M. Macbride.*

JUSQUES-LA l'exiftence de l'air fixe, & fa
combinaifon dans les corps, n'étoit qu'une opinion phyfique appuyée fur des expériences fingulieres ; mais aucun Phyfiologifte, depuis Van
Helmont, ne l'avoit encore adopté. M. Haller eft
le premier, qui, d'après les expériences du
Docteur Hales, ait enfeigné que l'air étoit le
véritable ciment des corps, que c'étoit lui qui,
fe fixant dans les folides & dans les fluides, fervoit de lien aux élémens, & les uniffoit entr'eux.

*Videtur Aër vinculum elementorum primarium
conftituere, cum non prius ea elementa à fe invi-
cem difcedant quam Aër expulfus fuerit.* Haller,
Elementa Phyfiologiæ, Tit. I. cap. I.

Gluten præstat verum moleculis terreis adunandis; ut conflat exemplo calculorum lapidum, aliorum corporum durorum; in his omnibus folvitur tunc demum partium vinculum quando aër educitur. Ibid. Scel. 244.

Une fuite d'expériences très - nombreufes & très-bien faites parut en 1764 à l'appui de cette doctrine. L'Auteur (M. David Macbride , Chirurgien de Dublin ,) tient un rang trop diftingué parmi ceux qui fe font occupés de l'air fixe, pour ne pas faire connoître ici dans quelques détails les faits importans dont la Phyfique & la Phyfiologie lui font redevables.

Il réfulte des expériences de M. Macbribe, qu'il fe dégage de l'air fixe, non-feulement des fubftances en effervefcence & des matieres végétales en fermentation, mais encore de toutes les matieres animales qui commencent à fe putrifier; & pour prouver l'extrême facilité avec laquelle cet air peut fe combiner, foit avec la chaux, foit avec les alkalis fixes & volatils, il s'eft fervi d'un appareil connu fous le nom d'appareil de M. Macbride, quoique l'idée dans l'origine, en foit dûe à M. Black. Voici à-peu-près de quelle maniere il a opéré : Il a mis fucceffivement dans une bouteille, des matieres falines en effervefcence, des matieres végétales en fermentation,

mentation, enfin des matieres animales en putréfaction ; il a fait paffer l'air qui s'en dégageoit
par un tube recourbé, & l'a reçu dans une bouteille ou flacon, dans lequel il a mis fucceffivement de l'eau de chaux, de l'alkali fixe, de l'alkali volatil cauftique : fi-tôt que l'air fixe, dégagé
du mélange, touchoit à la furface de l'eau de
chaux, elle fe troubloit ; bientôt après fa terre
fe précipitoit peu à peu fous forme de terre calcaire, c'eft-à-dire avec tout fon air & fans aucun
fimptôme de caufticité. Il en étoit de même des
alkalis fixes & volatils cauftiques, à mefure que
l'air fixe fe combinoit avec eux, ils reprenoient
la propriété de faire effervefcence avec les acides ; & lorfqu'ils étoient dans un état fuffifant de
concentration, ils reprenoient leur forme con-
crête & criftallifoient dans la bouteille. Cette
derniere expérience fait voir que fi l'alkali fixe
végétal n'a pas la propriété de criftallifer, c'eft
que formé & préparé par la violence du feu, on
ne l'obtient communément que dépouillé de la
quantité d'air fixe qui lui eft propre ; il ne s'agit
que de lui rendre ce même air pour lui rendre
en même temps la propriété de criftallifer. On
trouve le germe de cette derniere découverte
dans les Mémoires de M. Black.

D

Les différentes expériences de M. Macbride sur la grande quantité d'air fixe qui se dégage des matieres animales qui entrent en putréfaction, le conduisent à conclure que c'est à la présence de ce même fluide élastique, de l'air fixe combiné dans les chairs, qu'est dûe leur fermeté, leur consistance, leur état de salubrité ; que ce n'est qu'à mesure que l'air fixe s'en dégage par la fermentation que leur tissu se détruit, que les parties qui les constituent se désunissent & se séparent pour se réunir ensuite dans un autre ordre, & pour former de nouveaux combinés fort différens des premiers.

Il ne sera pas difficile de s'appercevoir que cette doctrine est à-peu-près celle enseignée par Van Helmont ; mais une découverte importante, en supposant qu'elle soit suffisamment constatée, qui appartient entierement à M. Macbride, c'est que les chairs à demi putréfiées, celles qui ont perdu une portion de l'air fixe qui entroit dans leur composition, sont susceptibles de revenir à leur premier état de salubrité, si on leur rend l'air fixe dont elles ont été dépouillées : il suffit, pour produire cet effet, de les exposer à la vapeur d'une matiere quelconque en fermentation, ou bien à un courant d'air fixe dégagé d'une effervefcence ; en un mot, d'y introduire de l'air fixe de telle façon que ce foit.

M. Macbride applique ces différentes connoif-fances à l'explication des phénomènes de la di-geftion : il fait voir que tous les mélanges que nous avons coutume d'employer dans nos ali-mens, font fufceptibles de fermenter en peu de temps ; que les fubftances animales, mêlées avec les végétales, ont même plus d'aptitude à la fer-mentation, que n'avoient féparément chacune de ces fubftances, & que dans tous les mélanges alimentaires fur lefquels il a fait une fuite d'ex-périences très-nombreufes, il fe dégage toujours une quantité confidérable d'air fixe. Ce dégage-ment, fuivant M. Macbride, doit avoir lieu de la même maniere dans l'eftomac des animaux ; mais que devient cet air fixe ? il penfe ou qu'il eft abforbé & combiné dans le chile, & qu'il paffe, dans cet état, dans la circulation du fang ; ou bien qu'il eft abforbé dans le canal inteftinal par des vaiffeaux particuliers, deftinés à ce genre de fecrétion : cet air, dans les deux cas, s'é-chappe enfuite, foit par la tranfpiration, foit par les urines. Cette théorie conduit M. Macbride à une fuite d'expériences très-nombreufe fur la quantité plus ou moins grande d'air fixe contenu dans les différentes sécrétions animales. L'eau de chaux lui a paru propre à servir de pierre de touche en ce genre ; en effet, comme la chaux a une très-grande analogie avec l'air fixe, toutes les fois qu'on mêle avec elle une liqueur qui en contient, elle s'en empare avec avidité, elle s'en sature ; alors devenue insoluble, elle se précipite & se dépose sous forme de terre calcaire. C'est par cette épreuve, c'est-à-dire, par le mélange avec l'eau de chaux, que M. Macbride est parvenu à connoître que le sang nouvellement tiré, contenoit une grande quantité d'air fixe : des expériences plus détaillées lui ont ensuite appris que cet air résidoit dans la partie rouge, tandis que le sérum en étoit dépourvu. C'est encore par des expériences de même genre, qu'il a reconnu que la sueur & l'urine contenoient beaucoup d'air fixe, tandis qu'au contraire, la bile, & sur-tout la salive, loin d'en contenir, avoient au contraire une tendance à en absorber.

Il seroit trop long de rendre compte ici des nombreuses expériences faites par M. Macbride sur la fermentation des mélanges alimentaires, & sur ce qui peut en accélérer ou en retarder la fermentation. Il suffira de dire qu'elles conduisent l'Auteur à des réflexions très-importantes sur les maladies putrides & fur le fcorbut de mer. Ces maladies, d'après la théorie de M. Macbride fur la putréfaction, n'ont d'autre caufe que la privation d'une certaine quantité d'air fixe néceffaire à l'état de falubrité : auffi obferve-t-il que le régime le plus contraire dans ces fortes de maladies, eft l'ufage des matieres animales qui, fuivant M. Macbride, donnent beaucoup moins d'air fixe que les végétales par la fermentation : la méthode curative, au contraire, confifte dans le régime végétal & dans l'ufage de toutes les fubftances propres à fournir de l'air fixe en abondance. C'eft fur ces principes que M. Macbride confeille l'ufage de la dréche pour le fcorbut de mer : cette fubftance, qui n'eft autre chofe que l'orge germé & broyé, fournit une décoction très-propre à la fermentation, & qui donne plus d'air fixe qu'aucune autre fubftance végétale. Il prefcrit, dans les mêmes vues, l'eau fucrée, & quelques autres boiffons analogues.

Quant à l'effet antiputride & antifeptique, que l'on ne peut méconnoître dans les acides, M. Macbride prétend qu'on ne doit l'attribuer qu'à la propriété qu'ils ont éminemment de s'unir aux parties alkalines des matieres qui entrent en putréfaction, & de les neutralifer ; mais ce reméde est, suivant lui, plutôt palliatif que curatif, puisqu'il ne rétablit pas, comme l'air fixe, les parties dans leur état naturel.

Indépendamment des expériences qu'on vient de citer, qui sont essentiellement liées à la théorie de M. Macbride, son Traité en contient un grand nombre d'autres, dont on va citer les principales:

1°. Le vuide de Boyle accélere le dégagement de l'air fixe dans les mélanges fermentatifs.

2°. Les terres calcaires ont la propriété d'accélérer la putréfaction.

3°. La chaux produit sur les matieres animales un effet tout particulier; elle les décompose en leur enlevant l'air fixe qu'elles contiennent, & elle produit en cela un effet analogue en quelque façon à la putréfaction.

4°. L'huile ne s'unit à l'alkali fixe qu'autant que ce dernier est privé d'air, si l'on fait tomber la vapeur, soit de deux corps en effervéscence, soit d'un mélange fermentatif quelconque sur une dissolution de savon. L'air fixe, qui se dégage, se combine peu-à-peu avec l'alkali fixe du savon, en même temps l'huile, devenue libre, vient nager à la surface.

5°. Les esprits ardens rectifiés, absorbent de l'air fixe, quand on le leur présente.

M. Macbride prouve encore que l'alkali volatil, qui se développe par le progrès de la putréfaction des matieres animales, est tantôt dans son état naturel ; c'est-à-dire, avec tout son air, tantôt, au contraire, entierement dépouillé d'air, & dans un état de causticité : il a reconnu, par exemple, par le détail de ses expériences, que le sang putréfié, ainsi que l'esprit qu'on en tire, faisoit effervescence avec les acides, tandis que la bile également putréfiée, non plus que la liqueur qui coule des chairs qui se putréfient, ne faisoient point d'effervescence : il en a été de même de l'esprit qu'il en a retiré par la distillation.

De toutes ses expériences, M. Macbride conclut que l'air fixe est un fluide élastique, fort différent de l'air de l'atmosphère ; que le premier peut être introduit sans risque, soit dans le canal intestinal, soit même dans d'autres parties de l'économie animale, sans qu'il en résulte aucun désordre ; tandis que l'air de l'atmosphère y produiroit de funestes effets : que, par un effet tout contraire, les animaux ne peuvent vivre sans respirer continuellement le fluide qui constitue notre atmosphère, tandis que l'air fixe, introduit dans leur poumon, eſt un poiſon ſubtil qui leur cauſe ſur le champ la mort; que l'air fixe ſe combine avec une grande facilité, ſoit avec la chaux, ſoit avec les alkalis; tandis qu'on ne peut, par les mêmes moyens, combiner avec eux l'air de l'atmoſphère. Enfin, M. Macbride ajoute que l'air fixe ſe trouve répandu dans notre atmoſphère, puiſque, avec le temps, la chaux & les alkalis cauſtiques perdent leur propriété, & acquierent celle de faire efferveſcence avec les acides. Ces concluſions ſont, à très-peu de choſe près, les mêmes que celles de Van Helmont.

CHAPITRE X.

Expériences de M. Cavendish ſur la combinaiſon de l'air fixe ou fixé avec différentes ſubſtances.

PEU de temps après la publication du Traité de M. Macbride, M. Cavendish communiqua à la Société Royale de Londres quelques nouvelles expériences qui tendoient également à confirmer la doctrine de M. Black; elles ſe trouvent dans

les Tranſactions Philoſophiques, années 1766 &
1767. M. Cavendish y fait voir que la quantité
d'air fixe contenu dans l'alkali fixe, lorſqu'il en
eſt chargé autant qu'il eſt poſſible, eſt de $\frac{5}{12}$ de
ſon poids, qu'elle eſt de $\frac{7}{12}$ dans l'alkali volatil ;
que cette grande quantité d'air eſt quelquefois
cauſe qu'il ſe fait un léger mouvement d'efferveſcence, lorſqu'on précipite par un alkali, ainſi
chargé d'air, la terre calcaire diſſoute dans l'a-
cide nîtreux ; qu'en effet alors le précipitant
fourniſſant plus d'air que le précipité n'en peut
abſorber, il y en a néceſſairement une portion
de libre qui reprend ſon élaſticité & qui occa-
ſionne l'efferveſcence.

M. Cavendish fait voir encore que l'eau peut
abſorber & diſſoudre un volume d'air fixe plus
qu'égale au ſien ; que cette quantité eſt d'autant
plus grande que l'eau eſt moins chaude & qu'elle
eſt comprimée par une atmoſphère plus peſante ;
que l'eau ainſi imprégnée d'air fixe, a une ſaveur
acidule, ſpiritueuſe, & qui n'eſt pas déſagréable ;
enfin, qu'elle a la propriété de diſſoudre la terre
calcaire & la magnéſie. Il arrive, par une ſuite
de cette propriété de l'eau imprégnée d'air fixe
que, ſi après avoir précipité la chaux de l'eau de
chaux par de l'air fixe, on continue à ajouter

de nouvel air fixe, l'eau acquiert la vertu de diſſoudre une partie de la terre qui s'étoit préci-pitée.

L'eau imprégnée d'air fixe a encore la pro-priété de diſſoudre preſque tous les métaux, (*Tranſact. Philoſoph. année* 1769.) & ſur-tout le fer & le zinc; il ne faut qu'une très-petite quan-tité de ces métaux pour communiquer à l'eau leur goût & leurs vertus (1).

Ces circonſtances ſemblent expliquer, de la maniere la plus naturelle, comment l'eau diſtillée la plus pure, attaque le fer & le diſſout, ainſi qu'il réſulte des obſervations de M. Monet, & pourquoi cette combinaiſon ſe fait plus facile-ment dans l'eau froide que dans l'eau chaude : c'eſt que l'eau n'attaque le fer qu'en raiſon de l'air fixe qu'elle contient; or, on vient de voir qu'elle en contient d'autant moins qu'elle eſt plus chaude. C'eſt par cette même raiſon, qu'on ne peut retirer de la plûpart des eaux minérales ferrugineuſes, un ſeul atôme de vitriol.

C'eſt encore M. Cavendish qui nous a appris que l'air fixe pouvoit s'unir à l'eſprit-de-vin &

---

(1) Quoique cette obſervation ne ſoit pas de M. Caven-dish, on a cru qu'elle devoit trouver place ici.

aux huiles par expreſſion, mais que ces ſubſtances, au ſurplus, n'en acquéroient aucune propriété nouvelle ; que la vapeur du charbon qui
brûle occaſionnoit une diminution notable dans
le volume de l'air, qu'il s'engendroit, en même
temps, de l'air fixe dans cette opération, & que
cet air fixe étoit ſuſceptible d'être abſorbé par la
leſſive cauſtique des Savonniers. Enfin, c'eſt M.
Cavendish qui a remarqué le premier que la diſſolution de cuivre dans l'eſprit-de-ſel, au lieu de
donner un air inflammable, comme celle du fer
& du zinc, donnoit une eſpèce d'air particulier,
qui perdoit ſon élaſtité, ſi-tôt qu'il avoit le contact de l'eau.

CHAPITRE XI.

*Théorie de M. Meyer ſur la calcination des
terres calcaires, & ſur la cauſe de la cauſticité de la chaux & des alkalis.*

TANDIS que la doctrine de l'air fixe s'établiſ-
ſoit paiſiblement en Angleterre, il s'élévoit en
Allemagne un Contradicteur redoutable. A-peu-
près dans le même temps que M. Macbride pur-

blioit en Anglois les Essais dont on vient de rendre compte, il paroissoit en Allemand un Traité fort étendu de M. Frédéric Meyer, Apothicaire à Osnabruck, intitulé : *Essais de Chymie sur la chaux-vive, la matiere élastique & électrique, le feu & l'acide universel primitif.* Ce Traité contient une multitude d'expériences, la plûpart bien faites & vraies, d'après lesquelles l'Auteur a été conduit à des conséquences toutes opposées à celles de M. Hales, de M. Black & de M. Macbride. Il est peu de Livres de Chymie moderne qui annoncent plus de génie que celui de M. Meyer ; & si ses idées étoient adoptées, il n'en résulteroit rien moins qu'une nouvelle théorie directement contraire à celle de Stalh & de tous les Chymistes modernes.

M. Meyer examine d'abord la nature des pierres calcaires du Spalh, & des matieres propres à faire de la chaux ; il remarque que ces matieres sont rarement pures, qu'elles sont communément mêlées de sable & de matieres étrangeres ; mais que la partie vraiment propre à faire de la chaux, n'est autre chose qu'un alkali terreux pur insoluble dans l'eau, susceptible de combinaison avec les acides, qui s'y dissout avec effervescence, &c. Il observe que lorsque ces mêmes matieres ont été expofées un temps fuffifant à la violence du feu , elles laiffent échapper une grande quantité d'eau ; qu'elles en fortent enfuite avec la propriété d'être entierement folubles dans l'eau, & de ne plus faire d'effervefcence avec les acides. De ces nouvelles propriétés , M. Meyer conclud que la chaux , dans le feu , a été neutralifée par un acide particulier , à l'intermede duquel elle doit fa folubilité dans l'eau , & dont l'union lui ôte la propriété de faire effervefcence. Pour confirmer cette théorie, M. Meyer prend de l'eau de chaux, il y verfe goutte à goutte de l'alkali fixe en liqueur ; auffi-tôt l'eau de chaux fe trouble, & la chaux fe dépofe fous la forme d'une terre calcaire, infoluble dans l'eau comme avant fa calcination ; l'alkali, d'un autre côté, a acquis la caufticité de la chaux, & une partie de fes autres propriétés : d'où M. Meyer conclud que l'acide qui étoit uni à la chaux, & qui la rendoit foluble, a plus d'analogie avec l'alkali fixe, qu'avec la chaux ; qu'il abandonne cette derniere , & s'unit à l'alkali fixe. La même chofe arrive lorfqu'on précipite l'eau de chaux par un alkali volatil , ou qu'on dégage par la chaux l'alkali volatil du fel ammoniac : dans tous ces cas, l'acide de la chaux neutralife le fel , le rend cauſtique , incriſtalliſable , & lui ôte la pro-priété de faire efferveſcence avec les acides. La ſubſtance acide que la chaux prend ainſi dans le feu, M. Meyer l'appelle *acidum pingue* ; il pré-tend que c'eſt une matiere très-proche de celle du feu & de la lumiere ; que c'eſt par le *latus* de cet acide que la chaux s'unit aux huiles , qu'elle diſſout le ſoufre , &c. Enfin , M. Meyer prétend que l'*acidum pingue* entre en grande abon-dance dans la compoſition des végétaux & des animaux ; que c'eſt lui qui s'échappe du charbon qui brûle , du bois qui ſe conſume , &c.

M. Meyer ſuit la combinaiſon de cet être dans un grand nombre de corps ; il prétend qu'il exiſte dans les chaux métalliques , dans le mi-nium , & qu'on peut le faire paſſer de-là , ſoit dans les alkalis fixes , ſoit dans les volatils , leſ-quels acquierent par-là l'état de cauſticité. C'eſt principalement ſur cet article que le ſyſtême de M. Meyer ſemble avoir l'avantage ſur le ſyſtême anglois. En effet , la théorie de l'*acidum pingue* explique de la maniere la plus naturelle & la plus ſimple l'augmentation de poids des chaux métalliques , leur action ſur le ſel ammoniac , le dégagement de l'alkali volatil de ce ſel par le minium , la litharge , & pluſieurs autres chaux métalliques : dans tous les cas, c'eſt le *cauſticum* du feu, l'*acidum pingue* qui s'unit aux métaux par la calcination, qui paſſe enſuite dans l'alkali volatil, & qui forme une eſpèce de ſel neutre ſemblable à celui qu'on retire par la chaux.

M. Meyer prévient une objection capitale qui pouvoit lui être faite, d'après le ſyſtême de M. Black. Ce dernier avoit avancé que ſi l'on faiſoit diſſoudre une terre calcaire pure dans l'acide nî-treux, & qu'on précipitât enſuite par un alkali, on pouvoit avoir, à volonté, la terre précipitée dans l'état de terre calcaire ou dans l'état de chaux : qu'on l'obtenoit dans l'état de terre cal-caire, ſi l'on précipitoit par un alkali fixe ordinaire ou par un alkali volatil concret ; qu'on l'obtenoit, au contraire, dans l'état de chaux, ſi l'on préci-pitoit par un alkali fixe ou volatil cauſtique. M. Black expliquoit ce phénomène de la façon ſui-vante : la terre calcaire, diſſoute dans l'eſprit-de-nître, ne contient plus d'air, il a été chaſſé de la combinaiſon par l'efferveſcence : ſi donc on pré-cipite la terre de cette diſſolution par un alkali fixe ordinaire qui contient tout ſon air, à meſure que cet alkali s'unit à l'acide, il abandonne tout ſon air qui ſe porte ſur la terre, & la précipite ſous la forme de terre calcaire ; ſi, au contraire,

on précipite par un alkali cauftique, c'eft-à-dire;
par un alkali privé d'air, la terre ne trouvant,
dans ce mélange, aucun corps qui puiffe lui fournir de l'air, tombe dans l'état de chaux.

La fimplicité de cette explication n'étonne
point M. Meyer, & il y répond d'une maniere
toute auffi naturelle. Lorfqu'on précipite une
diffolution de terre calcaire par un alkali cauftique, on méle, en quelque façon, fuivant lui,
deux fels neutres enfemble: l'un, eft un nître à
bafe terreufe, l'autre, eft un compofé de l'*acidum pingue*, & de l'alkali fixe; il doit donc fe
faire, dans ce mélange, une double décompofition. L'acide nîtreux doit quitter fa bafe pour
s'unir à l'alkali fixe, & en même temps l'*acidum
pingue*, qui eft libre, doit s'attacher à la terre
calcaire, & la précipiter fous forme de chaux,
c'eft-à-dire, foluble dans l'eau, & dépouillée de
la propriété de faire effervescence avec les acides. La même chofe ne doit point arriver, lorfqu'on précipite par un alkali ordinaire; alors il
n'y a point d'*acidum pingue* qui puiffe s'unir à
la terre, elle fe précipite en terre calcaire.

Il feroit trop long de fuivre M. Meyer dans
la comparaifon qu'il fait de l'*acidum pingue* avec
la matiere du feu, celle de la lumiere; la matiere
électrique,

électrique, le phlogiftique. Je me jetterois d'ailleurs dans des détails trop éloignés de mon objet. Ce Chymifte, il faut l'avouer, s'eft un peu abandonné à la propenfion qu'ont tous ceux qui croyent avoir découvert un nouvel agent, & qui l'appliquent indiftinctement à tout.

CHAPITRE XII.

Développement de la théorie de M. Black fur l'air fixe ou fixé, par M. Jacquin.

LA doctrine angloife attaquée par M. Meyer, ne tarda pas à trouver un défenfeur. M. Jacquin, Profeffeur de Botanique à Vienne, publia en 1769 en fa faveur une Differtation latine intitulée: *Examen chymique de la doctrine de M. Meyer, de fon* acidum pingue, *& de la doctrine de M. Black fur les phénomènes de l'air fixe ou fixé à l'égard de la chaux.* Cette Differtation, fans avoir beaucoup ajouté à ce qu'avoient fait Meffieurs Black & Macbride, peut être regardée comme un excellent Ouvrage par la méthode & par la clarté avec laquelle les faits y font préfentés, par le choix des expériences qu'elle contient, par la fimplicité

& la justesse des procédés ; enfin, par la bonne maniere de philosopher qu’on y remarque.

La premiere observation qui frappe M. Jacquin, c’est que la chaux-vive perd, par la calcination, près de la moitié de son poids. Cette singularité, qui rendoit suspecte à ses yeux l’opinion de M. Meyer, l’engagea à faire la calcination de la pierre à chaux dans des vaisseaux fermés ; il prit, à cet effet, une cornue de grès très-propre à résister à l’action du feu ; il y mit trente-deux onces de pierre à chaux ; il y adapta un grand récipient tubulé, & procéda à la distillation.

D’abord il n’employa qu’un feu modéré, & il n’obtint que du phlegme ; mais bientôt ayant poussé le feu plus vivement, il commença à se dégager une vapeur élastique en très-grande abondance, qui continua de sortir pendant une heure & demie, avec sifflement, par la tubulure du récipient : cette vapeur, suivant M. Jacquin, n’étoit autre chose que de l’air. L’opération finie, il ne se trouva plus dans la cucurbite que dix-sept onces de terre calcaire dans l’état de chaux, & dans le récipient, deux onces d’un phlegme contenant un léger vestige d’alkali volatil. Les treize onces manquantes, M. Jacquin les attribue à l'air ; d'où il suivroit, selon lui, que la pierre à chaux contient six ou sept cent fois son volume d'air.

Plusieurs autres expériences de M. Jacquin, rapportées à la suite de celle-ci, ont pour objet de prouver que la pierre à chaux, ne devient chaux qu'en proportion de la quantité de fluide élastique qui en est dégagé ; & que si, par exemple, on ne lui enleve que son phlegme, & qu'on arrête le feu, la pierre à chaux se trouve dans la cornue, à-peu-près dans le même état qu'elle y avoit été mise. Ce qui prouve encore mieux, suivant M. Jacquin, que ce qui constitue la chaux n'est pas le dépouillement d'eau seulement, c'est que, si au lieu d'interrompre l'opération, lorsque l'air commence à se dégager, on la continue plus long-temps, la pierre à chaux est réduite en chaux à sa surface sans l'être dans son intérieur.

Ces premieres expériences conduisent M. Jacquin à des réflexions sur la maniere dont l'air peut exister dans les corps ; il distingue en eux l'air de porosité & celui de composition. Le premier peut se rendre sensible par la seule expérience de la machine pneumatique ; celui au contraire qui est combiné est dans un état de division , de diffolution qui ne lui permet plus de jouir de fon élafticité.

On fçait que la chaux eft fufceptible de fe diffoudre dans l'eau ; que cette eau expofée à l'air donne une pellicule qui n'eft plus de la chaux, mais une terre calcaire qui fait effervefcence avec les acides. M Jacquin penfe avec tous les Difciples de M. Black , que cette fubftance n'eft autre chofe que de la chaux, qui a repris l'air dont elle avoit été dépouillée ; & il fait voir qu'elle reprend en proportion le poids qu'elle avoit perdu par la calcination. Cette crême de chaux calcinée de nouveau, reperd les $\frac{13}{32}$ de fon poids ; il s'en dégage de l'air pendant la calcination ; en un mot, tout annonce qu'elle avoit repaffé à l'état de pierre à chaux.

M. Jacquin examine enfuite l'action de l'eau fur la chaux ; il fait voir qu'elle l'éteint fans lui rendre l'air , de forte qu'on peut garder de la chaux fous l'eau autant de temps qu'on voudra, fans qu'elle céffe d'être chaux , pourvu qu'on garantiffe la furface de l'eau du contact de l'air libre ; autrement tout fe convertiroit fucceffivement & avec le temps en crême de chaux. Il fait voir également que fi l'on évapore de l'eau de chaux dans un appareil diftillatoire, la terre qui refte dans la cucurbite eft encore de la chaux,

& non pas de la terre calcaire. Toutes ces expériences prouvent encore que ce n'eſt point l'abſence ou la préſence de l'eau qui conſtitue l'état de chaux ou de terre calcaire.

M. Jacquin paſſe enſuite en revue toutes les expériences de Meſſieurs Black & Macbride ; il y en ajoute de nouvelles dans les mêmes vues. Il fait voir que tout mélange de craie, ou d'un alkali ordinaire, avec un acide, produit un air qui a la propriété de précipiter l'eau de chaux, c'eſt à-dire, de s'unir avec la chaux diſſoute dans l'eau, de la convertir en terre calcaire, de la rendre inſoluble, & de la faire criſtalliſer ſur le champ. L'air qui ſort de la pierre à chaux, pendant qu'on la calcine, a la même propriété.

M. Jacquin oppoſe ces expériences & toutes celles de Meſſieurs Black & Macbride à la théorie de M. Meyer, & il tire, de preſque toutes, des objections qui lui paroiſſent inſolubles.

M. Jacquin avoit obſervé plus haut que toutes les fois que l'air ſe diſſolvoit, ſe combinoit avec quelques ſubſtances, il y avoit, comme dans toutes les combinaiſons chymiques, 1°. un point de ſaturation ; 2°. un certain degré d'adhérence plus ou moins grand en raiſon de la différence d'affinité qu'il avoit avec ces différentes fubftances : il applique ces réflexions de la maniere la plus claire à la formation des alkalis cauftiques ; il prétend que la chaux n'agit fur eux qu'en vertu de la plus grande analogie que l'air fixe a avec elle ; & il établit même comme principe, avec Meffieurs Black & Macbride, que la chaux, la pierre à cautere, & tous les cauftiques de ce genre, n'agiffent fi puiffamment fur les matieres animales qu'en leur enlevant l'air dont ils font extrêmement avides, & que, comme cet air eft effentiel à leur combinaifon, il en réfulte une décompofition.

M. Jacquin a également répété les expériences de Meffieurs Black & Macbride fur les moyens de faire de la chaux par la voie humide. Si l'on combine de la terre calcaire avec de l'acide nîtreux dans une bouteille à long col, on s'apperçoit après l'effervefcence, que la craie a perdu près de la moitié de fon poids, c'eft-à-dire, qu'elle a perdu tout l'air qui la conftituoit terre calcaire ; elle eft alors dans l'état de chaux : fi l'on veut l'obtenir feule dans le même état, & féparée de l'acide nîtreux, il ne s'agit que de la précipiter par un alkali cauftique ; la terre qui refte, édulcorée, eft une véritable chaux foluble dans l'eau.

Cette Differtation de M. Jacquin, comme on

l'a déja dit, ne contient qu'un petit nombre de vérités neuves, le fond en appartient presqu'entierement à M. Black & à M. Macbride, mais on trouve
dans ses expériences beaucoup plus d'ordre que
dans celles des deux Auteurs Anglois, & on peut
la regarder comme un Traité complet de la causticité de la chaux & des alkalis dans l'hypothèse de
M. Black. La crainte de tomber dans des répétitions ne m'a pas permis de faire valoir une infinité
de détails très-intéressans qui constituent une partie du mérite de cet Ouvrage, & qui annoncent la
plus grande clarté dans les idées, & beaucoup de
méthode dans la maniere de les rendre.

CHAPITRE XIII.

*Réfutation de la théorie de Messieurs Black,
Macbride & Jacquin, par M. Crans.*

LA mort venoit d'enlever M. Meyer aux Sçavans, lorsque l'Ouvrage de M. Jacquin parut,
mais sa doctrine avoit déjà fait de rapides progrès en Allemagne, elle y avoit été adoptée par
des Chymistes de réputation, & on avoit commencé à l'enseigner publiquement dans les Eco-

les. L'Ouvrage de M. Jacquin n'y fut donc pas accueilli; & dès 1770, M. Crans, Médecin de Sa Majefté le Roi de Pruffe, publia contre lui à Léipfick, un Ouvrage latin intitulé: *Réfutation de l'Examen chymique de la doctrine de Meyer fur l'acidum pingue, & de la doctrine de Black fur l'air fixe, relativement à la chaux-vive.* In-8°. de 212 pages.

Je fortirois des bornes que je me fuis prefcrites, fi j'entrois ici dans le détail de toutes les expériences rapportées par M. Crans, elles font très-nombreufes : je m'attacherai feulement à donner une idée des principales, & je choifirai fur-tout celles qui femblent porter le plus directement atteinte à la doctrine de l'air fixe.

M. Crans examine d'abord quelle eft l'action du feu fur la pierre à chaux. Il convient avec les Difciples de M. Black, que cette fubftance perd au feu une quantité confidérable de fon poids; mais il attribue cette perte à la grande quantité d'eau qu'elle contenoit, & qui a été chaffée par la violence du feu. C'eft également à l'eau réduite en vapeurs, à l'eau dans l'état d'expanfion, qu'il attribue, pour la plus grande partie, ce dégagement élaftique obfervé par M. Jacquin, pendant la calcination de la pierre à chaux dans les vaiffeaux fermés ; il n'apporte point au furplus de preuve très-décifive de cette affertion.

La pierre à chaux après la calcination n'eft point, fuivant M. Crans, dépouillée de la propriété de faire effervefcence avec les acides, comme le prétendent les Difciples de M. Black, & il invoque, à cet égard, le témoignage de Meffieurs Duhamel, Geoffroy, Homberg & Pott, qui tous ont annoncé que la chaux faifoit effervefcence avec les acides : il y joint différentes expériences qui lui font propres ; il les a faites fur de la chaux dans différentes circonftances, & qui fur-tout avoit été fcrupuleufement préfervée du contact de l'air, il a toujours obfervé de l'effervefcence.

Il objecte à cette occafion, que fi la chaux ne différoit de la pierre calcaire qu'en ce qu'elle eft privée d'air, & par la grande affinité qu'elle a avec ce même air, elle devroit réabforber, en peu de temps, à l'air libre, tout l'air dont elle a été privée, & redevenir terre calcaire ; cependant il a obfervé que la chaux pouvoit fe conferver très-long-temps à l'air, fans ceffer d'être chaux ; il affure même qu'au bout d'un laps de temps affez confidérable, elle acquiert plus de caufticité.

Après avoir examiné les phénomènes que préfente la pierre calcaire dans fa calcination, M. Crans paffe à l'extinction de la chaux. Il obferve que ce gonflement fubit, cette chaleur très-confidérable qui s'obferve dans cette opération, & qui eft une conféquence fi naturelle du fyftême de M. Meyer, eft abfolument inexplicable dans l'hypothèfe de M. Black; qu'on n'explique pas mieux dans cette hypothèfe pourquoi la pierre calcaire fe diffout prefque fans chaleur dans l'acide nîtreux; tandis que la diffolution de la chaux dans le même acide occafionne une chaleur fupérieure au degré de l'eau bouillante; qu'enfin, les partifans de l'air fixe ne peuvent rendre aucune raifon fatisfaifante de cette vapeur âcre & corrofive qui s'exhale de la chaux, & qui fait touffer, du danger des bâtimens nouvellement enduits de chaux, non plus que d'une infinité d'autres effets.

M. Crans examine enfuite les phénomènes que préfente la chaux dans fa diffolution par l'eau, & dans fa criftallifation. On a vu plus haut que la pellicule qui fe forme à la furface de l'eau de chaux, lorfqu'elle a été quelque temps expofée à l'air, & qu'on connoît en Chymie fous le nom de *crême de chaux*, n'étoit autre chofe, fuivant

M. Jacquin, qu'une chaux qui avoit repris de l'air, qui, par cette union, étoit redevenue terre calcaire, c'est-à-dire, infoluble dans l'eau, fufceptible d'effervefcence ; en un mot, telle qu'elle étoit avant la calcination. M. Crans prétend, au contraire, avec M. Meyer, que la crême de chaux n'eft autre chofe qu'une chaux qui a perdu le principe cauftique, autrement l'*acidum pingue* ; il affure avoir fouvent vu cette fubftance fe former au fond de la liqueur, & non pas à fa furface, qu'il s'en dépofe fur les parois intérieures du vafe, & dans des endroits où la chaux n'a pu avoir le contact de l'air ; enfin, qu'il s'en forme même pendant le temps que l'eau de chaux eft couverte d'une pellicule qui intercepte toute communication avec l'air. Toute la chaux d'ailleurs, fuivant M. Crans, n'eft point foluble dans l'eau, toute ne peut point être convertie en crême, ce qui devroit fuivre des principes de M. Black, & de ceux de fes Difciples.

M. Crans n'abandonne l'eau de chaux qu'après s'être étendu très au long fur fes propriétés, & il tire de prefque toutes des objections contre le fyftême de M. Black. L'eau de chaux diffout le foufre, le camphre, les réfines, à-peu-près comme l'efprit-de-vin ; les Difciples de M. Black,

pour raiſonner conſéquemment, devoient donc
aller juſques à dire, que c’eſt en enlevanr l’air de
ces ſubſtances qu’elle les rend ſolubles dans l’eau,
comme ils le diſent de la terre calcaire convertie
en chaux ; mais alors ils ſe trouveroient dans la
néceſſité de dire que l’eſprit-de-vin ne diſſout
les réſines qu’en leur enlevant l’air qu’elles contiennent ; ce qui les jetteroit, ſuivant M. Crans,
dans un labyrinthe de difficultés, peut être même
d’abſurdités.

Si c’étoit d’ailleurs, ajoute M. Crans, l’abſence
de l’air qui conſtituât la cauſticité, il s’enſuivroit
que tous les ſels neutres dévroient être cauſtiques,
puiſque l’air a été chaſſé de leur combinaiſon
par l’efferveſcence ; nous voyons cependant qu’ils
ſont plus doux que ne l’étoient ſéparément chacun des êtres dont ils ſont compoſés.

M. Crans paſſe enſuite à la diſſolution, ſoit de
la pierre calcaire, ſoit de la chaux, dans les acides. Il obſerve qu’on peut à volonté avoir dans
ces opérations, de l’efferveſcence, ou n’en point
avoir. L’efferveſcence eſt très-vive, ſi l’on employe un acide médiocrement concentré ; elle
eſt nulle, ſi ce même acide eſt étendu dans une
grande quantité d’eau : cependant, dit M. Crans,
ſi l’air fixe eſt un des principes conſtituans des

terres & pierres calcaires, pourquoi ne fe déve-
loppe-t-il pas, dans cette derniere circonftance, &
s'il fe développe, que devient-il, puifqu'il ne s'annonce par aucune effervefcence ?

M. Crans fait voir enfuite qu'on peut avoir une
effervefcence vive, en mélant enfemble de la
lefcive cauftique avec un acide, quoique fuivant
Meffieurs Black & Jacquin, elle ne contienne
pas d'air : il ne s'agit que de verfer doucement de
la lefcive cauftique fur une diffolution de terre
calcaire, l'alkali coule le long des parois de la
bouteille & gagne le fond : fi l'on agite enfuite
précipitamment ces deux liqueurs pour les mêler
enfemble, il fe fait une vive effervefcence, & la
précipitation s'opere en un inftant.

Meffieurs Black & Jacquin avoient prétendu
qu'on pouvoit faire de la chaux vive par la voie
humide, en précipitant par un a.kali cauftique la
terre calcaire diffoute dans l'acide nîtreux ; en
effet, la terre calcaire ne trouvant, fuivant eux,
dans cette opération, aucun corps qui puiffe
lui fournir de l'air, elle doit refter dans l'état de
chaux. M. Crans nie ces expériences ; & leur en
oppofe de contraires : il prétend que de quelque
façon qu'il ait opéré, la terre calcaire précipitée
d'une diffolution par l'acide nîtreux, foit qu'il

ait employé l'alkali fixe ordinaire, foit qu'il ait employé l'alkali cauftique, ne lui a préfenté aucune différence ; que dans tous les cas cette terre faifoit effervefcence avec les acides, & n'étoit autre chofe qu'une terre calcaire ordinaire, fi ce n'eft cependant qu'elle avoit un peu de folubilité dans l'eau, & qu'elle verdiffoit le firop violat. Il a effayé de diffoudre la chaux elle-même dans l'acide nîtreux, & de la précipiter par un alkali cauftique; quoiqu'il n'y eût, fuivant M. Black, aucune fubftance dans cette combinaifon qui pût fournir de l'air à la chaux; il n'en a pas moins obtenu une véritable terre calcaire, qui faifoit effervefcence avec les acides.

Un autre genre de preuve dont fe prévaut M. Black & fes Difciples, c'eft la précipitation de l'eau de chaux par l'air dégagé, foit d'une effervefcence, foit d'une fermentation ; mais M. Crans prétend qu'il n'eft point du tout prouvé que cette précipitation foit dûe à l'air ; qu'il eft d'autres caufes qui peuvent produire un effet femblable, & que quand l'air ne produiroit d'autre effet en fe combinant avec l'eau, que de la rendre plus légere, cette feule circonftance fuffiroit pour occafionner la précipitation. D'ailleurs, ajoute M. Crans, comment concevoir que l'air, qui dans les eaux aërées, eft le diffolvant du fer, ait ici une propriété toute contraire, celle de rendre la chaux infoluble dans l'eau (1)?

M. Crans s'occupe enfuite des argumens que les partifans de l'air fixe tirent de la perte de poids qu'éprouve la pierre calcaire quand on la diffout dans les acides. M. Black & M. Jacquin avoient avancé que lorfqu'on diffolvoit de la pierre calcaire dans un acide, on éprouvoit une diminution de poids égale à celle qui auroit eu lieu fi la même pierre eût été réduite en chaux par la calcination ; que dans les deux cas, l'air fixe contenu dans la pierre calcaire s'échappoit ; dans le premier, par l'effervefcence ; & dans le fe-cond, parce qu'il étoit chaffé par la violence du feu.

M. Crans oppofe encore ici expérience à expé-rience ; il a fait diffoudre des pierres calcaires d'un grand nombre d'efpèces dans de l'acide nîtreux ; il y a fait diffoudre même de la chaux, en tenant un compte exact du poids & de l'acide & des terres mifes en diffolution : il a communé-ment obfervé dans ces opérations, des diminu-tions de poids affez notables, mais fans aucune

---

(1) M. Crans pouvoit ajouter que les eaux aërées dif-folvent même la terre calcaire.

régle ; quelquefois la chaux a paru diminuer davantage que la pierre calcaire , d'autres fois la pierre calcaire en fe diffolvant a paru recevoir quelqu'augmentation de poids ; tous ces réfultats font directement contraire à la doctrine de M. Black. On peut au furplus reprocher à M. Crans de s'être fervi dans ces dernieres expériences de vaiffeaux trop bas , & furtout d'avoir opéré fur des quantités fi foibles , que l'erreur feule des balances peut avoir occafionné la plus grande partie des inégalités qu'il a remarquées.

Après quelques autres objections dont je fupprime le détail, M. Crans paffe à la décompofition du fel ammoniac par la chaux. Il obferve d'abord que, fi dans l'hypothèfe de M. Black, le feu chaffe de la pierre à chaux , pendant la calcination , l'air fixe dont elle étoit faturée , il eft impoffible que dans la décompofition du fel ammoniac par la chaux qui fe fait dans une retorte & à un degré de feu affez confidérable , la chaux s'empare de l'air de l'alkali volatil , & il prétend que , loin d'en abforber dans cette circonftance , la chaux devroit , au contraire , effuyer une nouvelle calcination , & perdre celui qui pouvoit encore lui refter : mais , en admettant même l'hypothèfe de M. Black, la chaux , fuivant M. Crans ,

après

après cette opération, devroit cesser d'être chaux ;
cependant il assure que le résidu de la décomposition du sel ammoniac par la chaux lui a toujours offert une terre calcaire dans l'état de
chaux, & par conséquent privé d'air ; d'où il
conclut qu'elle n'a point enlevé à l'alkali volatil
celui qu'il contenoit, & que ce n'est pas par
conséquent le défaut d'air qui constitue sa causticité : enfin il prétend que le sel ammoniac contient beaucoup d'air ; que cet air devroit servir
dans l'hypothèse de M. Black, à saturer la
chaux, & qu'il ne devroit plus rester à cette derniere aucune action sur l'alkali volatil.

M. Crans ajoute à ces expériences que si les
caustiques exerçoient véritablement leur action
en absorbant de l'air toutes les fois qu'on expose
des animaux sous la machine pneumatique, ils
devroient être cautérifés ; que l'enfant devroit
cautériser les mammelles de sa nourrice, &c.
puisque, dans tous ces cas, il y a privation
d'air.

M. Crans rapporte encore une suite d'expériences assez nombreuses faites avec l'appareil
de M. Macbride ; on se rappelle qu'il consiste
dans deux bouteilles qui communiquent ensemble par le moyen d'un siphon de verre : on met

F

dans l'une , foit une matiere fufceptible de fermentation , foit un mélange fufceptible d'effervefcence ; on place dans l'autre les liqueurs ou
matieres qu'on veut expofer à l'action de l'air
fixe qui s'en dégage. M. Crans a fait fucceffivement entrer en effervefcence dans l'une de ces
deux bouteilles de l'acide vitriolique & de l'a-
cide nîtreux avec de l'alkali fixe : de l'eau de
chaux , placée dans l'autre bouteille , a été précipitée comme l'annoncent Meffieurs Macbride
& Jacquin : M. Crans a produit le meme effet
avec de l'air qui avoit fervi à la refpiration.

M. Crans a effayé de foumettre au même appareil de la leffive cauftique , faite à la façon de
M. Meyer ; l'air dégagé d'une effervefcence en a
précipité une poudre blanche qui s'eft raffemblée
au fond de la bouteille ; la liqueur a auffi acquis
au bout d'un certain temps la propriété de faire
effervefcence avec les acides ; mais il a obfervé,
en même temps , qu'expofée à l'air libre , elle
reprenoit à - peu - près dans le même intervalle
de temps , cette propriété ; qu'elle la reprenoit
même beaucoup plus vîte , fi on la mettoit fur
un feu modéré , & que ce n'étoit que du moment qu'elle commençoit à fumer , qu'elle acqué-
roit la propriété de faire effervefcence ; d'où

M. Crans conclud qu'elle n'acquiert cette pro-priété, qu'autant que le principe cauftique qui lui étoit uni, qu'autant que l'*acidum pingue* s'eft évaporé.

M. Crans a obfervé la même chofe, à l'égard de l'alkali volatil cauftique dégagé du fel ammo-niac. Il en a mis une portion fur un poële, une autre portion fur des cendres chaudes ; enfin, il a foumis une troifiéme portion à l'appareil de M. Macbride ; au bout de huit heures, toutes les trois faifoient effervefcence, en raifon, dit M. Crans, de l'évaporation de l'*acidum pingue*. l'appareil de M. Macbride n'opere donc, fuivant lui, dans ces expériences, que ce qui fe feroit opéré tout naturellement à l'air libre.

M. Crans a pouffé plus loin fes recherches, & il a fait un grand nombre d'expériences dans le même appareil, en tenant les vaiffeaux clos, & en obfervant le poids des matieres employées, avant & après l'opération. Il a toujours eu une perte confidérable de poids dans la bouteille ou fe faifoient les mélanges qui devoient entrer en effervefcence ; il a obtenu conftamment, au contraire, une augmentation de poids de quel-ques grains dans l'autre bouteille.

La leffive cauftique de M. Meyer, foumife à

cette épreuve, a acquis une augmentation de poids de 10 grains.

Du sel de tartre en *deliquium* a acquis 5 grains.

De l'esprit de corne de cerf a acquis jusques à 22 grains.

De l'esprit de sel ammoniac ordinaire n'a acquis que 3 grains.

De l'alkali volatil caustique a acquis 20 grains.

M. Crans a répété ces mêmes expériences en laissant ouverte la bouteille de réception, tandis que, dans les expériences précédentes, elle avoit été exactement fermée.

Le sel de tartre exposé de cette maniere dans la bouteille de réception a augmenté de 5 grains, & il s'est formé quelque peu de sel concret au fond du vase.

La lessive caustique de M. Meyer, au contraire, a perdu 2 grains en trois heures, & elle a déposé un sédiment.

La liqueur ensuite & le sédiment qui étoit au fond, faisoient effervescence avec les acides.

L'alkali volatil ordinaire a perdu quelque chose de son poids.

L'alkali volatil caustique a acquis, au contraire, quelques grains, il n'étoit plus alors causti-

que, mais entierement adouci, & faifoit effervefcence.

Ces augmentations de poids, obfervées dans
la plûpart des expériences faites avec les alkalis
cauftiques, & en général prefque toutes celles
faites dans l'appareil de M. Macbride, fembloient
fournir des argumens très forts en faveur de l'o-
pinion de M. Black. Cependant M. Crans n'eft
point embarraffé pour y répondre : il convient
bien que l'air fixe fe combine avec les liqueurs
mifes dans la bouteille de réception, & que c'eft
à cette caufe qu'eft dûe l'augmentation de poids
qu'elles éprouvent ; mais il ajoute que ces liqueurs
s'en imprégnent de la même maniere que de l'eau
fimple ; il nie qu'il y ait combinaifon., que ce
foit à cette combinaifon que foit dû l'adouciffe-
ment des fels cauftiques, & il perfifte à croire
que ces changemens dépendent de l'évaporation
du *caufticum*, de l'*acidum pingue*, qui neutralifoit
l'alkali.

Tels font à-peu-près les principaux argumens
que contient l'Ouvrage de M. Crans contre la
doctrine de M. Black. J'ai fait tout ce qui étoit
en moi pour les préfenter dans toute leur force :
il eût peut-être été à fouhaiter que l'Auteur les
eût refferré davantage; qu'il eût mis plus de choix

dans ses expériences, & sur-tout qu'il eût écarté des personnalités contre M. Jacquin, qui sont très-étrangeres à son objet.

* * *

CHAPITRE XIV.

Sentiment de M. de Smeth sur les émanations élastiques qui se dégagent des corps, & sur les phénomènes de la chaux & des alkalis caustiques.

TANDIS que M. Crans attaquoit la doctrine de M. Black sur l'air fixé dans les terres calcaires & dans les alkalis; tandis qu'il ébranloit les fondemens sur lesquels cette doctrine étoit établie, deux Sçavans, M. de Smeth à Utrecht, & M. Priestley à Londres, s'occupoient chacun de leur côté à éclaircir cette matiere par de nouvelles expériences. Ils publierent presqu'en même temps deux Dissertations pleines de faits intéressans, & de découvertes importantes. Quoique les expériences de M. Priestley ayent été lues dans les Séances de la Société Royale de Londres quelques mois avant la publication de l'Ouvrage de M. de Smeth, & qu'elles ayent acquis par-là une antériorité de date très-marquée, cependant comme M. Priestley a reculé beaucoup plus loin les bornes de nos connoiffances fur cet objet, & qu'on lui eft redevable de quelques faits qui femblent découvrir un nouvel ordre de chofes, la marche naturelle des idées m'engage à rendre compte d'abord des travaux de M. de Smeth ; je terminerai enfuite cet Effai hiftorique, par ceux de M. Priestley.

La Differtation de M. de Smeth eft écrite en latin & fous forme de thèfe ; elle a été imprimée à Utrecht dans le mois d'Octobre 1772, fous le titre de Differtation fur l'air fixe. Petit *in-4*°. de 101 pages.

M. de Smeth y établit d'abord que nous ne connoiffons l'air commun, celui qui compofe notre atmofphère que par quelques effets phyfi-ques ; mais que nous n'avons encore aucune idée de fa nature, de fa compofition, de fa combinaifon chymique ; d'où il conclud qu'il eft contre les principes de la faine Philo-fophie, d'affirmer qu'une fubftance eft de l'air, parce qu'elle préfente une ou deux pro-priétés qui lui font communes avec lui ; que tous ceux qui ont parlé des émanations élaftiques qui fe dégagent des corps, foit pendant la fermentation, soit pendant la combustion, soit enfin pendant l'effervescence d'un acide avec une substance alkaline, sont tombés dans cette erreur, qu'ils n'ont considéré que la subtilité de ces émanations, leur élasticité, leur pesanteur spécifique; mais qu'ils semblent avoir oublié & mis de côté plusieurs autres propriétés qui ne sont pas moins essentielles à l'air : que suivant cette maniere de philosopher, de l'eau réduite en vapeurs devroit aussi porter le nom d'air; qu'on devroit donner le même nom au fluide électrique & à une infinité de vapeurs incoercibles qui n'ont de l'air que son élasticité & sa subtilité ; enfin M. de Smeth va jusqu'à dire que l'élasticité est un caractère très équivoque de l'air; qu'on peut en dire autant en particulier de chacune des propriétés que nous lui connoissons ; & il se propose de le prouver dans la suite de son Ouvrage.

Après avoir fait voir par des expériences déjà connues que l'air est un véritable dissolvant dans le sens même que les Chymistes donnent à ce nom; qu'il dissout l'eau & les vapeurs, de la même maniere que l'eau dissout les sels, & qu'il retient ces corps suspendus, contre les loix de l'hydrostatique, M. de Smeth passe à des expériences qui, si elles ne sont pas entierement neuves, font au moins très-peu connues fur l'effet de l'air fur quelques corps:

M. Szathmar avoit fait voir en 1771, dans une Differtation fur le pirophore ou phofphore de M. Homberg, que cette fubftance augmentoit fenfiblement de poids pendant le temps même qu'elle fumoit, qu'elle s'échauffoit, & qu'elle s'enflammoit : M. de Smeth a examiné concur-remment avec M. Hann, Profeffeur en Méde-cine en l'Univerfité d'Utrecht, les circonftances de ce phénomène, & voici à-peu-près quel a été le réfultat de leurs expériences.

M. Hann mit le 22 Novembre 1771, 272 grains de pirophore fur une balance exacte & fenfible ; ce pirophore s'enflamma bientôt ; & en une demie heure, fon poids étoit augmenté de 20 grains ; le lendemain, il étoit augmenté de 21 grains ; fept jours après, il en avoit encore acquis 15 ; & l'augmentation totale étoit alors à-peu-près d'un cinquiéme ; après quoi, il n'y eut plus d'augmentation fenfible, fi ce n'eft en raifon des variations de froid, de chaud & d'hu-midité de l'atmofphère.

200 grains de pirophore qui avoit été gardé long-temps, & qui ne s'enflammoit plus de lui-même, ayant été foumis à la même épreuve, au

bout de trois jours, avoit augmenté de $\frac{3}{10}$ de
fon poids: M. de Smeth obferve que l'augmentation n'a été plus forte dans cette expérience
que parce que n'y ayant point eu d'inflammation, il y a eu moins de chaleur, & par conféquent moins de parties diffipées, & réduites en
vapeurs.

Ces obfervations fur l'augmentation de poids
de pirophore, ont conduit M. de Smeth à celle
qui a lieu fur la chaux-vive* : 12 onces de cette
fubftance expofées à l'air fur une balance, ont
augmenté de poids prefque à vue d'œil pendant
le premier mois: cette vertu attractive a diminué
enfuite infenfiblement, & au bout d'un an ou de
treize mois, elle étoit abfolument nulle. La
chaux, pendant cet intervalle, avoit acquis une
augmentation de poids de 4 onces 3 gros 40
grains: elle étoit réduite en poudre fine, & ne
dégageoit plus l'efprit volatil du fel ammoniac,
que fous forme concrete.

La totalité du poids de cette chaux étoit donc
après treize mois de 16 onces 3 gros 40 grains.
M. de Smeth en pefa féparément 12 onces 3 gros

---

* Voyez ci-après les Expériences de M. Duhamel fur
le même objet.

40 grains. Après quoi il fit le raisonnement qui suit : Si 16 onces 3 gros 40 grains de chaux éteinte à l'air, contiennent 4 onces 3 gros 40 grains de matiere attirée de l'atmosphère, combien 12 onces 3 gros 40 grains doivent-elles en contenir ? il trouva par le calcul que cette quantité devoit être de 3 onces 2 gros 54 grains $\frac{1}{2}$. Il étoit naturel de croire que cette matiere, ainsi attirée de l'atmosphère, se dissiperoit aisément par le feu : pour s'en assurer, il mit ces 12 onces 3 gros 40 grains de chaux dans une retorte de terre, telle qu'on a coutume de les employer pour la distillation du phosphore, & il soutint le feu pendant deux jours à un dégré de chaleur très-violent : il passa dans le récipient pendant cette opération, 1 once 4 gros 40 grains de phlegme pur, & dans lequel, par toutes sortes d'épreuves, il ne put découvrir aucun vestige de matiere saline. Quelque attention que M. de Smeth eût apporté, il ne put appercevoir, pendant tout le temps que dura l'opération, aucun dégagement de matiere élastique ; mais comme après que le feu fut éteint, la cornue se trouva fêlée, on ne peut rien conclure de précis de cette expérience. La chaux ayant été pesée au sortir de la cornue, se trouva du poids de 10 onces 5

gros; ce qui joint avec 1 once 4 gros 40 grains de phlegme , trouvés dans le récipient, donne un total de 12 onces 1 gros 40 grains. La quantité de matiere employée étoit de 12 onces 2 gros 40 grains , d'où il fuit qu'il n'y avoit eu que deux gros de perte pendant la diftillation. Il eft donc clair que s'il y a eu dégagement d'air, il n'a pas été , à beaucoup près , auffi confidérable qu'il auroit dû l'être dans le fyftéme de M. Black; on fe rappelle, en effet , que , fuivant ce dernier , il étoit de près de moitié du poids de la terre calcaire employée. M. de Smeth affure, au furplus, que ce qui reftoit dans la cornue étoit de véritable chaux-vive.

Cette expérience donne lieu à M. de Smeth de remarquer que la chaux éteinte à l'air libre, & calcinée enfuite dans les vaiffeaux fermés, ne reperd pas tout ce qu'elle avoit attiré de l'atmofphère : on a vu , en effet , que la chaux éteinte contenoit, avant qu'elle eût été foumife à l'appareil diftillatoire, 3 onces 2 gros 54 grains $\frac{1}{2}$ de matiere attirée de l'atmofphère , elle n'a perdu par la diftillation qu'une once 7 gros 40 grains, c'eft donc 1 once 3 gros 14 grains $\frac{1}{2}$, que le degré de feu employé n'avoit pu en féparer. M. Duhamel avoit obfervé la même chofe dans un

Mémoire sur la chaux , lu à l'Académie des Sciences en 1747 , & qui se trouve dans le Recueil de cette année ; je rendrai compte incessamment de ses expériences ; je n'ai différé jusques ici d'en parler que pour ne point interrompre le fil de ce que j'ai à dire sur l'historique de l'air fixe.

Cette circonstance singuliere a engagé M. de Smeth à répéter cette expérience dans des vaisseaux ouverts : il a mis, à cet effet, dans un creuset, les 4 onces qui lui restoient de cette même chaux qui s'étoit éteinte d'elle-même à l'air ; elle devoit contenir, dans la proportion ci-dessus, 8 gros 47 grains de matiere attirée de l'atmosphère : cependant cette chaux ayant été poussée à un feu très-violent dans un fourneau à vent, elle n'a reperdu que 7 gros 36 grains ; d'où il suit qu'elle avoit encore conservé, 1 gros 11 grains de la matiere qu'elle avoit attirée de l'atmosphère. Cette chaux, exposée de nouveau à l'air, a repris une augmentation de poids de 4 gros 28 grains.

M. de Smeth conclut de ces expériences, 1°. que la chaux attire de l'atmosphère une substance qu'il n'est plus possible d'en chasser. 2°. Que c'est à l'eau seule qu'elle doit la plus grande partie de l'augmentation de poids qu'elle acquiert à l'air, & que ce dernier fluide n'y concourt pas fenfiblement par la combinaifon de fa propre fubftance. Il penfe avec M. Szalhmar, qu'il en eft de même de l'augmentation de poids du piro-phore, qu'elle n'eft également dûe qu'à la feule humidité. Il eft aifé de voir que ces affertions font directement contraires au fyftême de M. Black, & à celui de fes Difciples.

Après quelques réflexions fur la maniere dont l'air exifte dans l'eau, & fur la caufe de l'ébulli-tion de ce fluide, M. de Smeth entreprend de prouver que fi les alkalis cauftiques ne font point d'efferveſcence avec les acides, il eft probable que ce n'eft point au défaut d'air ou de matiere élaftique qu'on doit attribuer ce phénomène, & voici la maniere dont il raifonne.

» M. Black, & les partifans de l'air fixe, pré-
» tendent que les alkalis cauftiques ne font plus
» d'efferveſcence avec les acides, parce que la
» chaux, qui eft très-avide d'air fixe, les a dé-
» pouillés de celui qu'ils contenoient. Si ce prin-
» cipe étoit vrai, il s'enfuivroit néceffairement
» deux chofes : 1°. que les alkalis cauftiques
» devroient manquer entierement de la matiere
» propre à l'efferveſcence, ou à l'ébullition ;

» 2°. qu'en leur rendant une quantité fuffifante
» d'air, ils devroient recouvrer fur le champ la
» propriété de faire effervefcence : or l'expé-
» rience, ajoute M. de Smeth, démontre que
» ces deux conféquences du fyftême de M. Black
» font également fauffes; « & c'eft ce qu'il entreprend de prouver par les expériences qui fuivent.

EXPÉRIENCE PREMIERE.

Il a placé, fous le récipient d'une machine
pneumatique, de l'efprit volatil de fel ammoniac
tiré par la chaux ; à l'appareil étoit joint un
barometre d'épreuve conftruit de maniere que le
mercure s'élevoit dans le barometre à chaque
coup de pifton, au lieu de defcendre comme
dans les machines pneumatiques ufitées en France : dès que le mercure fut arrivé à la hauteur
de 25 pouces, l'efprit volatil commença à bouillir très-vivement.

EXPÉRIENCE II.

Ayant répété la même expérience avec de
l'alkali volatil ordinaire, tiré du fel ammoniac
par l'alkali fixe, & ayant fait même un vuide
beaucoup plus parfait, il n'a eu que quelques bulles prefqu'imperceptibles.

Expérience III.

Il a mis sous le même récipient de la leffive des Savonniers. Dès que le mercure fut arrivé à 19 pouces, elle commença à donner quelques bulles : ces bulles infenfiblement devinrent femblables à des perles ; elles ne venoient cependant pas crever à la furface ; mais lorfque le mercure fut parvenu jufqu'à la hauteur de 28 pouces $\frac{3}{4}$, elles devinrent beaucoup plus groffes, & elles parvenoient jufqu'à la furface fans cependant la foulever ; il y en avoit un grand nombre qui demeuroient attachées aux parois intérieures du vafe.

Expérience IV.

Les alkalis ordinaires, quelque long temps qu'on les ait tenus dans le vuide, n'ont jamais laiffé échapper la moindre bulle, à moins qu'on ne les eût fortement échauffés.

M. de Smeth conclud de ces expériences, que les alkalis cauftiques ont plus de difpofitions à l'ébullition que les alkalis ordinaires : mais il eft aifé de s'appercevoir qu'il fuppofe que la pro-priété de faire effervefcence dépend du même principe qui fait bouillir les liqueurs, ce qui n'eft

pas

pas prouvé : j'aurai occasion au surplus de revenir quelque jour sur cet article.

M. de Smeth cherche à prouver ensuite que
l'intromission de l'air dans les alkalis caustiques,
ne leur rend point la propriété de faire effervescence avec les acides : il a fait souder, pour le
prouver, à une grosse boule de thermometre,
deux tubes de verre recourbés ; il a empli la
boule d'alkali volatil caustique, & a soufflé par
l'un des tubes de maniere à faire bouillonner l'air
dans la liqueur ; mais quoiqu'il ait continué long-
temps cette épreuve, l'alkali n'a pas acquis la
propriété de faire effervescence.

Il a essayé de tenir de l'alkali caustique fixe &
volatil dans la machine à condenser l'air, décrite dans la Physique de Gravesande, & il n'a
point observé qu'ils éprouvassent de changement (1).

M. de Smeth conclud de ces expériences, que
la qualité non effervescente des alkalis causti-

____

(1) On voit que M. de Smeth suppose ici que le fluide
élastique qui donne aux alkalis fixes & volatils la propriété
de faire effervescence, est le même que celui que nous respirons, ce qui est contraire à sa propre opinion, ainsi
qu'on va le voir dans un moment.

G

ques vient plutôt d'une fubſtance ajoutée que d'une fubſtance retranchée ; à moins, ajoute-t il que la chaux ne leur enleve une chofe, & ne leur en ajoute une autre, fur quoi il penfe qu'il eſt très difficile de prononcer.

M. de Smeth a auſſi répété la plûpart des expériences de M. Macbride fur l'effet que produit fur l'eau de chaux, & fur les alkalis cauſtiques, l'émanation des matieres fermentantes ou des matieres en effervefcence ; mais il a fubſtitué à l'appareil de M. Macbride, une fimple cucurbite de verre, furmontée d'un chapiteau tubulé : il met dans le fond de la cucurbite de la craie ou des fels alkalis ; il verfe deffus par la tubulure, au moyen d'un entonnoir, un acide quelconque, & rebouche promptement la tubulure ; enfin il lie à l'extrémité du bec du chapiteau une phiole dans laquelle il met l'eau de chaux, l'alkali cauſtique, & les autres matieres qu'il veut expofer à l'émanation des matieres en effervefcence ou en fermentation.

De l'alkali volatil expofé dans cet appareil, à l'émanation d'une effervefcence occafionnée par la diffolution d'un alkali fixe, foit dans l'acide vitriolique, foit dans l'acide nîtreux, foit dans l'acide marin, a acquis également dans les trois cas la propriété de faire effervefcence & a repris la forme concrete.

L'alkali fixe cauftique eft devenu effervefcent dans le même appareil, mais il n'a pas criftal-lifé.

L'acide du vinaigre, combiné avec les diffé-rentes terres abforbantes, a produit le même effet.

La chaux vive ayant été fubftituée à la terre calcaire, fa combinaifon avec les acides n'a point rendu aux alkalis cauftiques la propriété de faire effervefcence, & ne les a point fait criftal-lifer.

M. de Smeth a répété ces mêmes expériences avec du fucre & de l'eau qu'il avoit mis à fermen-ter dans la même cucurbite; il a employé une autre fois de la farine de feigle étendue dans une certaine quantité d'eau : l'émanation qui fe déga-geoit pendant que la fermentation étoit dans fa force, produifoit précifément les mêmes effets que celle des mélanges effervefcens.

Toutes les fois que l'alkali volatil cauftique a été foumis à cette épreuve, il s'eft toujours fait dans la partie fupérieure de la bouteille qui le contenoit, des concrétions d'alkali volatil de dif-férentes formes & en végétation ; on voyoit paroître de ces mêmes concrétions dans la liqueur même ; & si la fermentation étoit vigoureuse, en deux ou trois heures l'opération étoit achevée & l'alkali volatil adouci.

M. de Smeth a encore observé que dans cette même expérience, il s'élevoit constamment de l'alkali volatil caustique un petit nuage qui se dirigeoit vers le bec de l'alambic ; qu'on observoit en même temps un mouvement intestin dans la liqueur, proportionnel à-peu-près à l'épaisseur du nuage, & qui sembloit se diriger vers le haut. Les cristaux d'alkali volatil, que l'on obtient dans ces différentes opérations, se sechent aisément à l'air sur du papier à filtrer, & leur odeur n'est presque plus pénétrante.

Lorsque la fermentation est à sa fin, la vapeur élastique peut encore rendre aux alkalis caustiques la propriété de faire effervescence, mais elle n'a plus la force de les faire cristallifer.

L'eau de chaux exposée aux mêmes épreuves, se trouble, & la chaux qu'elle contient se précipite.

M. de Smeth a essayé de faire putréfier de la viande dans le même appareil, & l'émanation qu'il a obtenue a de même précipité la chaux, & rendu aux alkalis la propriété de faire effervefcence ; les effets ont été feulement un peu plus lents. Quant à la propriété de faire criftallifer ces fels, il ne lui a pas été poffible d'en juger, attendu qu'il s'éleve des matieres animales fermentantes des vapeurs humides qui auroient diffout le fel, dans la fuppofition même où il auroit été dans la difpofition de criftallifer.

M. de Smeth fe propofe de prouver enfuite que les émanations élaftiques, qui fe dégagent des matieres fermentantes & des effervefcences, different effentiellement de l'air de l'atmofphère. Je vais expofer en peu de mots les différences principales qui caractérifent, fuivant lui, ces émanations.

Premierement, l'émanation des effervefcences & des fermentations rend aux alkalis cauftiques la propriété de faire effervefcence avec les acides & fait criftallifer les alkalis volatils; or, l'air de l'atmofphère, dans les mêmes circonftances, ne produit pas les mêmes effets.

Secondement, l'air de l'atmofphère foutient, nourrit, excite le feu; il concourt même fi effentiellement à la flamme, qu'elle ne peut exifter fans lui : l'air des effervefcences, au contraire, & celui de la fermentation, eft ennemi de la flamme, & l'éteint fur le champ. M. de Smeth

G iij

s'eſt aſſuré de ce fait par un grand nombre d'expériences ; cette obſervation , d'ailleurs , eſt
connue de tous ceux qui fabriquent du vin ; on
ſçait que les lumieres s'éteignent ſur le champ
dans les celliers où cette liqueur fermente , lorſque l'air n'eſt pas ſuffiſamment renouvellé.

Troiſiémement, l'air de l'atmoſphère n'eſt pas
moins néceſſaire à l'entretien de la vie des animaux ; celui au contraire de la fermentation ,
leur eſt tellement nuiſible, qu'il fait périr, comme un poiſon ſubtil ; ceux qui le reſpirent en
aſſez grande abondance , & c'eſt encore par cette
cauſe , qu'il arrive de fréquens accidens dans les
ſelliers , quand on les ferme trop tôt après la ven-
dange ; auſſi a-t-on ſoin de n'y entrer qu'avec
précaution, même d'y deſcendre une lumiere auparavant.

L'air qui émane des efferveſcences , n'eſt pas
moins funeſte aux animaux que celui des fermentations ; il en differe cependant en ce qu'il n'oc-
caſionne pas d'yvreſſe, comme ce dernier, & en
ce qu'il ne communique pas au corps la même
vigueur, lorſqu'il eſt pris en petites doſes.

Quatriémement, l'air de l'atmoſphère favoriſe
la putréfaction plutôt qu'il ne l'arrête ; l'émanation au contraire des fermentations , de même

que celle des effervefcences, eft un puiffant antifeptique, comme Boyle l'a reconnu le premier; comme M. Cotes l'a enfeigné dans fes Leçons, & comme M. Macbride l'a depuis confirmé par de nombreufes expériences.

Cinquiémement, l'émanation de la fermentation eft quelquefois merveilleufement élaftique; mais cette élafticité même n'eft pas conftante. Elle eft d'abord très-confidérable, elle languit enfuite; enfin, elle devient tout-à-fait nulle; il en eft de même à-peu-près de l'émanation des effervefcences. Quoique la caufe de ces différences ne foit pas bien connue, on peut néanmoins la comparer à celle de l'eau, qui tantôt réduite en vapeurs, fe dilate à un point fingulier par la chaleur, & préfente des phénomènes femblables à ceux de l'air, tantôt refroidie & condenfée, fe réduit en une fimple goutte d'eau.

Sixiémement, l'émanation de la fermentation eft beaucoup plus fubtile que l'air, elle paffe à travers des corps qui lui auroient oppofé un obftacle impénétrable : M. de Smeth n'a pu la retenir par le moyen du lut; une veffie mouillée, liée au gouleau d'un vafe qui contenoit une matiere en fermentation, ne s'eft point enflée pendant le plus grand mouvement, quoiqu'il fût cependant certain, par d'autres expériences, qu'il se dégageoit beaucoup de fluide élaſtique.

De toutes ces expériences & des réflexions qui les accompagnent, M. de Smeth conclut que c'eſt très-improprement qu'on a donné le nom d'*air fixe* à l'émanation de la fermentation & des efferveſcences ; que cette ſubſtance eſt connue depuis long-temps ; qu'elle a été obſervée par Van Helmont ſous le nom de *gas*, par Boyle ſous le nom d'*air factice*, & par les Anciens ſous le nom d'*æſtus* ; que c'eſt elle qu'on a voulu déſigner par l'air dangereux de l'Averne, par le ſouffle empeſté des Furies ; que c'eſt à elle qu'on doit rapporter la cauſe des funeſtes effets de la grotte du chien, & de quelques autres lieux ſouterrains.

Enfin M. de Smeth conclut que l'air fixe ou le *gas*, n'eſt pas une ſeule & même ſubſtance ; qu'il eſt, au contraire, très-varié, très-multiplié & très-différent de lui-même ; que loin d'être un élément particulier, un être ſimple dans le ſens que les Chymiſtes donnent à ce mot, cette ſubſtance, au contraire, n'exiſtoit pas primitivement dans le corps dont elle ſe dégage, que c'eſt un *miaſme* formé du *detritus* de la colliſion de toutes les parties ſolides & fluides ; que c'eſt

pour cela qu'il ne se produit jamais que dans les
cas où les corps essuient des mouvemens intes-
tins violens, des chocs tumultueux, lorsque leurs
parties s'arcboutent les unes contre les autres,
s'alterent, se brisent, s'atténuent, comme dans
la fermentation, les effervescences, la combustion, &c. M. de Smeth croit en conséquence
qu'on doit distinguer

Gas vinificationis,

Gas acetificationis,

Gas septicum,

Gas salinum seu effervescentiarum,

Gas aquæ & terræ seu subterraneum.

Il n'assigne guères au surplus, pour autoriser ces
distinctions, que les odeurs, à l'exception cependant du *Gas vinificationis,* qui produit sur
l'économie animale, des phénomènes particuliers.

M. de Smeth examine ensuite en peu de mots
l'opinion de ceux qui pensent que l'air fixe est
le lien universel des élémens, le ciment des
corps. On conçoit aisément, d'après ce qui vient
d'être exposé, que cette opinion n'est pas la
sienne. Il ne nie pas que l'air fixe ne soit un

anti-septique ; mais il ne s'en suit pas pour cela, suivant lui, ni que l'air fixe exiſtât dans le corps dont il a été dégagé, ni qu'il y contribuât à la cohé-sion de ſes parties, & à leur état de ſalubrité : il obſerve d'ailleurs que la vertu anti-ſeptique n'eſt pas particuliere à l'air fixe ; que tous les produits de la fermentation jouiſſent des mêmes propriétés ; que le tartre, le vinaigre, l'eſprit-de-vin, ſont antiſeptiques à un dégré auſſi éminent que l'air fixe ; enfin il ajoute qu'on pourroit appliquer à l'eſprit-de-vin tout ce que les Diſci-ples de M. Black diſent de l'air fixe ; qu'on pourroit ſoutenir par les mêmes argumens, qu'il eſt le ciment des corps, le lien des élé-mens, ce qui cependant ſeroit abſurde.

M. Macbride avoit trouvé un nouvel argument en faveur de l'air fixe, dans la maniere d'agir des aſtringens ; leur vertu antiſeptique ne venoit, ſuivant lui, que de la propriété qu'ils ont de reſſerrer les pores des corps, lorſqu'ils ſe putré-fient, & de contrarier, par ce moyen, le déga-gement de l'air fixe qui tend à s'échapper : M. de Smeth réfute cet argument, & prétend que nous ſommes trop éloignés de connoître la ma-niere d'agir des aſtringens, pour qu'il ſoit poſ-ſible d'en tirer la plus foible induction.

De tout fon Ouvrage, M. de Smeth conclud que la doctrine de l'air fixe n'eft appuyée que fur des fondemens incertains & débiles; que de la maniere dont elle eft préfentée par fes partifans, elle ne peut foutenir un examen férieux, & qu'elle ne fera que l'opinion du moment.

A cet examen du fyftême de M. Black, M. de Smeth ajoute deux obfervations intéreffantes fur l'air des puits d'Utrecht, & fur celui qui émane des charbons qui brûlent.

Les puits d'Utrecht ont entre 8 & 20 pieds de profondeur ; on a coutume d'y établir des pompes pour en tirer l'eau ; on les recouvre enfuite d'une efpèce de voûte. Lorfqu'au bout d'un certain temps, on ouvre ces puits, pour quelque caufe que ce foit, il faut les laiffer découverts pendant plus de douze heures avant que d'y defcendre ; quiconque y defcendroit plutôt s'expoferoit à périr fur le champ. L'air de ces puits éteint les chandelles, comme celui qui a été tiré d'une effervefcence ou d'une fermentation ; il précipite de même la chaux de l'eau de chaux & la change en terre calcaire ; en un mot, il a toutes les propriétés de ce qu'on appelle air fixe ; l'eau qu'on tire de ces puits n'en eft cependant pas moins falubre.

M. de Smeth a de même éprouvé que l'air qui a paſſé à travers les charbons ardens, avoit beaucoup de propriétés communes avec l'air fixe, il précipite l'eau de chaux ; & rend aux alkalis la propriété de faire efferveſcence avec les acides. M. de Smeth donne les moyens de faire la combinaiſon de cet air avec différentes ſubſtances, dans le vuide de la machine pneumatique, & il obſerve que, quand on employe l'alkali volatil cauſtique, on apperçoit, dans l'inſtant où l'air des charbons entre dans le récipient, une gerbe de fumée très-conſidérable qui s'éleve de l'alkali volatil.

Il ne ſera pas difficile de s'appercevoir, d'après le compte qui vient d'être rendu de l'Ouvrage de M. de Smeth, qu'il a cherché à embraſſer une opinion mitoyenne entre celle de M. Black & celle de M. Meyer : mais que ſon ſyſtème, en même temps, n'eſt pas toujours d'accord avec ſes propres expériences. Son Traité, au ſurplus, eſt clair, méthodique & bien écrit. Ses expériences ſont bien faites, & la plus grande partie ſont exactes & vraies ; je parle au moins de celles que j'ai eu occaſion de répéter, & c'eſt le plus grand nombre.

CHAPITRE XV.

Recherches de M. Prieftley fur différentes efpèces d'air.

IL ne me refte plus, pour remplir l'objet que je me fuis propofé dans cette premiere Partie, qu'à rendre compte de la fuite nombreufe d'expériences communiquée l'année derniere à la Société Royale de Londres, par M. Prieftley (1). Ce travail peut être regardé comme le plus pénible & le plus intéreffant qui ait paru depuis M. Hales, fur la fixation & fur le dégagement de l'air. Aucun des Ouvrages modernes ne m'a paru plus propre à faire fentir combien la Phyfique & la Chymie offrent encore de nouvelles routes à parcourir.

Le Traité de M. Prieftley n'étant, en quelque

---

(1) Ces expériences de M. Prieftley ont été publiées en anglois à la fin de l'année 1772 ; il y avoit déja du temps que je m'occupois du même objet, & j'avois annoncé dans un dépôt fait à l'Académie des Sciences le premier Novembre 1772, qu'il fe dégageoit une énorme quantité d'air des réductions métalliques.

façon, qu'un tiſſu d'expériences, qui n'eſt preſque interrompu par aucun raiſonnement, un
aſſemblage de faits, la plûpart nouveaux, ſoit
par eux-mêmes, ſoit par les circonſtances qui
les accompagnent, on conçoit qu'il eſt peu ſuſceptible d'extrait : auſſi ſerai-je obligé de le
ſuivre pas à pas dans l'expoſé que je vais faire
de ſes travaux, & mon extrait ſe trouvera-t-il
preſque auſſi long que ſon Traité.

ARTICLE PREMIER.

De l'*Air fixe*.

M. Prieſtley examine d'abord l'air fixe proprement dit, celui qui eſt le produit de la fermentation ſpiritueuſe, ou d'une efferveſcence quelconque. Les braſſeries lui ont offert un moyen ſimple & facile de ſe procurer une grande quantité
de cet air dans un état de pureté preſque parfait :
il en regne conſtamment une couche de neuf
pouces d'épaiſſeur ſur les cuves où la bierre fermente, & comme il ſe trouve continuellement
renouvellé par celui que fournit la bierre, il eſt
peu mêlé, dans cette épaiſſeur, avec l'air du
voiſinage.

Cet air, ſuivant les expériences de M. Black,

eſt plus lourd que celui de l'atmoſphère, & c'eſt
ſans doute par cette raiſon, qu'il demeure, en
quelque façon, attaché à la ſurface de la bierre,
ſans s'en ſéparer; c'eſt également en vertu de ſon
excès de peſanteur, qu'on peut le tranſporter
d'une chambre à l'autre dans un bocal ouvert,
pourvu que l'ouverture ſoit dirigée vers le haut;
l'air fixe, pendant les premiers momens, ne ſe
mêle que très-peu avec l'air de l'atmoſphère.
Quoique cet excès de peſanteur ſemble aſſez bien
établi d'après ces expériences, M. Prieſtley en
rapporte, en même temps, d'autres qui paroî-
troient propres à faire prendre une opinion
contraire. En effet, on peut, ſuivant lui, mettre
une lumiere dans un bocal plein de l'air de l'atmoſphère, & dont l'ouverture eſt dirigée en en-
haut, le plonger enſuite dans une atmoſphère
d'air fixe, & la lumiere continue de brûler. L'air
fixe, dans cette expérience, ne déplace donc pas
l'air de l'atmoſphere; il n'eſt donc pas plus lourd:
ſi, au contraire, au lieu de placer l'ouverture du
bocal en en-haut, on la place en en-bas, quand
bien même on employeroit un vaiſſeau à col
étroit, les deux airs ſe mêlent à l'inſtant. En
ſuppoſant que ces expériences ne prouvent pas
un excès de peſanteur dans l'air de l'atmoſphère;

on peut en conclure au moins qu'ils approchent
bien près d'être équipondérables , & c'est ce que
les expériences de M. Hales fur l'air dégagé du
tartre , & celles de M. Bucquet fur celui des effervefcences , femblent avoir confirmé.

M. Priestley a également obfervé qu'une chandelle, un charbon , un morceau de bois rouge &
embrâfé , s'éteignent à l'instant ; lorfqu'on les
plonge dans l'atmofphère d'air fixe qui occupe
la furface d'une cuve de bierre en fermentation : mais ce qui est de plus remarquable , c'est
qne cet air femble retenir la fumée ; cette derniere nage à fa furface fans s'en féparer ; elle y
forme une couche très-unie dans fa partie fupérieure , mais raboteufe par-deffous , & dont des
portions femblent pendre affez avant dans l'atmofphère d'air fixe.

La fumée de la poudre à canon a cela de particulier , qu'elle s'incorpore en entier avec l'air
fixe , & qu'il ne s'en échappe aucune portion
dans l'air de l'atmofphère.

M. Priestley a obfervé encore que l'air fixe
de la bierre fe combine aifément avec la vapeur
de l'eau , à celle des réfines , du foufre & des
fubftances électriques par frotement ; mais ces
atmofphères ne deviennent point électriques par
l'approche

l'approche du fil de fer, d'une bouteille chargée d'électricité.

Peu de temps avant la publication de l'Ouvrage dont je rends compte ici, M. Priestley avoit fait imprimer une petite Brochure sur la maniere d'imprégner l'eau d'air fixe, & de lui communiquer les propriétés des eaux acidules ou aëriennes qui se rencontrent assez fréquemment dans la nature. Son procédé consistoit à recevoir dans une vessie l'air produit par l'effervescence de l'acide vitriolique & de la craie; à le faire passer, à l'aide d'un siphon de verre, dans une bouteille pleine d'eau, renversée dans un vase également plein d'eau; & à agiter fortement la bouteille: l'eau, par cette opération, absorbe presque tout l'air fixe introduit dans la bouteille; & en en faisant passer plusieurs fois de nouveau, on parvient à lui en unir une quantité à-peu-près égale à son volume. M. Priestley donne ici un moyen plus simple encore d'opérer cette même union; il ne s'agit que de placer un vase ouvert, rempli d'eau, dans l'atmosphère d'air fixe d'une cuve de bierre en fermentation, elle y devient en peu de temps semblable aux eaux aërées. On accélere la combinaison en versant l'eau d'un vase dans un autre, sans la sortir

H

de cette même atmosphère; en quelques minutes, on parvient par ce procédé à la charger de deux fois son volume d'air. On peut encore produire le même effet en remplissant un bocal d'air fixe dans une brasserie; & en le renversant dans une jatte pleine d'eau; insensiblement l'eau absorbe & dissout l'air fixe, & monte à mesure dans le bocal: cette méthode est très-commode pour unir l'air fixe à toute sorte de liqueurs; on peut s'en servir pour redonner de la force aux vins épuisés & aux liqueurs spiritueuses qui foiblissent.

L'eau, d'après les expériences de M. Priestley, ne peut absorber la totalité de l'air dégagé d'une effervescence ou d'une fermentation: quelque pur qu'il soit, il reste une portion dans laquelle les corps enflammés ne peuvent brûler, mais qui peut servir cependant à la respiration des animaux.

On a déjà vu, d'après les expériences de M. Hales, qu'un mélange de soufre & de fer placé sous une cloche de verre renversée, diminuoit le volume de l'air qui y étoit renfermé. M. Priestley a observé que la même diminution avoit lieu lorsqu'on employoit l'air fixe au lieu d'air ordinaire; & ce qu'il y a de plus merveilleux, c'est que l'air fixe qui a ainsi diminué de volume, ne

paroît plus être nuisible aux animaux , ni différer
de l'air commun. M. Prieſtley croit pouvoir conclure de ces obſervations que l'air fixe peut redevenir air ordinaire en lui rendant du phlogiſtique.

M. Prieſtley a auſſi répété la plus grande partie des expériences de M. Cavendish ſur la vertu
diſſolvante de l'eau imprégnée d'air fixe ; il a
obſervé , comme lui , qu'elle diſſolvoit aiſément
le fer , qu'elle ne diſſolvoit pas complettement le
ſavon , qu'elle changeoit en rouge la teinture
bleue du tourneſol. Cette derniere obſervation
ſembleroit annoncer qu'elle contient quelques
portions d'acide ; on verra cependant , dans la
ſuite , des expériences qui contrediſent cette
opinion. L'eau, ainſi imprégnée d'air fixe , le
laiſſe échapper aiſément par la chaleur , par la
congellation , & dans le vuide de la machine
pneumatique.

M. Prieſtley a été curieux de connoître par
lui-même l'effet de l'air fixe ſur les animaux :
ceux qui le reſpirent , meurent ſur le champ ; il
a remarqué que leurs poulmons étoient blancs &
affaiſſés , & il n'a pu appercevoir en eux aucune
autre cauſe de mort. Les inſectes , comme les
papillons , les mouches , perdent bientôt le mou-

vement dans l'air fixe, ils paroissent morts, mais on peut aisément les rappeller à la vie, en les exposant à un courant d'air ordinaire. L'effet est à-peu-près le même sur les grenouilles. Les limaçons, au contraire, y périssent sur le champ sans retour.

L'air fixe n'est pas moins funeste aux végétaux qu'aux animaux : un jet de menthe aquatique, placé dans l'atmosphère d'une cuve de bierre en fermentation, est mort au bout d'un jour ; des roses rouges y ont pris une couleur de pourpre en vingt-quatre heures ; mais la couleur de la plûpart des autres fleurs n'en a pas été altérée.

M. Priestley, après avoir dégagé l'air fixe de la craie par sa combinaison avec les acides, a essayé de le dégager par le feu ; il s'est servi à cet effet, d'un canon de fusil. La moitié de l'air qu'il a obtenu par ce procédé étoit susceptible de se combiner avec l'eau, l'autre moitié étoit inflammable.

ARTICLE II.

De l'Air dans lequel on a fait brûler des chandelles ou du soufre.

Après avoir examiné les propriétés de l'air dégagé des corps, soit par l'effervescence, soit par la fermentation, M. Prieſtley rend compte des expériences qu'il a faites ſur des portions de l'air de l'atmoſphère qu'il a renfermées ſous des cloches de verre, & dans leſquelles il a fait brûler des chandelles ou du ſoufre.

L'air, ainſi renfermé, diminue environ d'un quinziéme ou d'un ſeiziéme de ſon volume, & cette diminution n'eſt, ſuivant M. Prieſtley, que le tiers de celle qu'on peut opérer, ſoit par la reſpiration des animaux, ſoit par la corruption des matieres animales ou végétales, ſoit enfin par la calcination des métaux, ou par le mélange de ſoufre & de limaille de fer. Une circonſtance ſinguliere, & qui pourroit jetter quelque jour ſur ce phénomène ; c'eſt que cette diminution n'a pas toujours lieu ſur le champ ; on eſt quelquefois obligé pour l'opérer, de laver pluſieurs fois l'air, de l'agiter avec de l'eau ; la partie fixe s'y combine, & ce n'eſt qu'alors que la diminution a lieu.

Cette diminution, ſuivant M. Prieſtley, eſt encore preſque nulle quand l'opération ſe fait ſous une cloche plongée dans du me cure, parce qu'il ne ſe trouve alors aucune ſubſtance en état d'abſorber l'air.

Ces expériences de M. Prieſtley confirment ce

que M. Hales avoit foupçonné, c'eft à-dire, que l'air renfermé fous une cloche, ne diminue pas de volume en proportion de la quantité de foufre qu'on y brûle; M. Prieftley fait voir que cette diminution a des bornes au-delà defquelles elle ne peut plus avoir lieu, & que toutes les fois qu'on emploie une quantité fuffifante de foufre, elle eft toujours proportionnellement la même, en raifon de la grandeur du récipient.

L'air de l'atmofphère, renfermé fous une cloche, acquiert la propriété de fe combiner avec l'eau de chaux, & de précipiter la chaux, foit qu'on y ait allumé une chandelle ou une bougie, foit qu'on y ait brûlé de l'efprit de vin, de *l'éther* ou toute autre fubftance, à l'exception du foufre : encore M. Prieftley penfe-t-il que cette différence ne vient que de la vapeur acide du foufre qui s'unit à la chaux, qui la diffout, & qui l'empêche de fe précipiter.

M. Hales, dans fa Statique des Végétaux, attribue les diminutions du volume de l'air à la perte de fon élafticité : dans ce cas, l'air ainfi réduit, devroit avoir acquis une pefanteur fpécifique plus grande qu'il n'avoit auparavant; cependant M. Prieftley croit au contraire pouvoir affurer qu'il devient fenfiblement plus léger;

d'où il conclut que c'eſt la partie fixe de l'air, la partie la plus peſante, qui ſe précipite.

Tout le monde ſçait qu'une bougie ou une chandelle allumée, placée ſous un récipent, ne peut y brûler long temps ; elle s'y éteint ; & ſi l'on eſſaye d'y en placer de nouvelles, elles s'y éteignent encore à l'inſtant. M. de Saluces, dans les Mémoires de Turin, tome I. page 41, attribue cet effet à la dilatation cauſée par la chaleur, & il prétend qu'en comprimant l'air dans des veſſies, on parvient à le rétablir. M. Prieſtley convient de la vérité de cette expérience, mais il en nie les conſéquences : il prétend que ce n'eſt point à la compreſſion ſeule qu'eſt dû cet effet, parce que l'expérience ne peut réuſſir que dans des veſſies ; & il aſſure d'avoir tenté en vain de produire une compreſſion aſſez forte dans des vaiſſeaux de verre, ſans que la qualité de l'air en ait été reſtituée. M. Prieſtley apporte une autre expérience à l'appui de celle-ci. Il a eſſayé de faire paſſer de l'air très-chaud ſous un récipient, & d'y placer une chandelle, il n'a pas apperçu qu'elle y brûlât moins bien que dans l'air froid. L'extinction des bougies & des chandelles enfermées ſous une cloche ne tient donc pas ſeulement à la dilatation de l'air.

Les animaux, d'après les expériences de M.
Priestley, vivent aussi long-temps dans l'air où
on a allumé une chandelle, que dans l'air ordinaire; il en est de même de celui dans lequel on
fait brûler du soufre, pourvu qu'on ait laissé aux
vapeurs le temps de se déposer. Cet air n'est pas
non plus nuisible au végétaux : M. Priestley y a
entretenu différentes espèces de plantes ; elles y
ont peu souffert ; ce qu'il y a de plus remarquable, c'est que l'air ensuite s'est trouvé rétabli
dans l'état d'air ordinaire, & les chandelles y ont
brûlé de la même maniere.

A R T I C L E I I I.

De l'air inflammable.

M. Priestley indique d'abord la méthode dont
il s'est servi pour obtenir de l'air inflammable :
c'est la même que celle décrite par M. Cavendish dans les Transactions Philosophiques : elle
consiste à faire dissoudre du fer, du zinc, de
l'étain, & sur-tout des deux premiers, dans
l'acide vitriolique, & à rassembler, soit par le
moyen de vessies, ou autrement, l'air ou plutôt
le fluide élastique qui s'en dégage. Par rapport
aux substances végétales & animales, ou au

charbon de terre, M. Prieſtley s'eſt ſervi, pour en dégager l'air inflammable, d'un canon de fuſil auquel il a adapté un tuyau de verre ou de pipe, à l'autre extrémité duquel il avoit lié une veſſie.

La quantité d'air inflammable qu'on obtient dans cette opération, dépend très eſſentielle-ment du dégré de chaleur qu'on emploie : une chaleur vive & ſubite en procure ſix à ſept fois davantage qu'une chaleur graduée, à quel-que violence qu'on la porte, à la fin de l'opé-ration.

Un copeau de chêne de dix à douze grains, donne communément un volume d'air inflamma-ble capable de remplir une veſſie de mouton ; mais c'eſt toujours en ſuppoſant que la chaleur ait été bruſquée.

M. Prieſtley fait obſerver à cet égard que l'air qu'on obtient par les diſſolutions, eſt d'autant plus inflammable, que l'efferveſcence a été plus prompte ; mais dans cette expérience, comme dans toutes les autres, M. Prieſtley s'eſt ſervi de veſſies ; & il faut avouer que cette circonſtance eſt capable de jetter quelque incertitude ſur ſes réſultats : les doutes qu'on pourroit former à cet égard, ſe trouvent même autoriſés par pluſieurs paſſages de ſon Mémoire ; il convient en effet que l'air inflammable pénetre les veſſies , le liége même , & qu'il n'y a d'autre façon de le conſer-ver qu'en bouchant exactement les bouteilles qui le contiennent , & en les renverſant enſuite le col en bas dans un vaiſſeau rempli d'eau.

Après avoir fait voir comment on peut obte-nir de l'air inflammable & comment on peut le conſerver , M. Prieſtley examine quelle eſt ſon action par rapport à l'eau ; il remarque d'abord que , ſi on le conſerve dans un bocal renverſé dans une cuvette pleine d'eau , il dépoſe à la ſurface de cette eau une matiere fixe d'un jaune d'ocre , s'il a été tiré par le moyen du fer , & blanche s'il a été tiré du zinc.

Quoique la combinaiſon de cet air avec l'eau ne ſoit pas , à beaucoup près , auſſi aiſée que celle de l'air fixe , on peut néanmoins y parvenir par une forte agitation. Un quart environ de l'air inflammable eſt abſorbé dans cette opéra-tion : ſi l'on prolonge très-long-temps l'agitation, l'air ceſſe d'être inflammable , & ce qui en reſte ne paroît différer en rien de l'air commun.

L'air inflammable tiré du chêne , a cela de particulier , que l'eau peut abſorber moitié de ſon volume ; mais il eſt probable que cette cir-

conftance ne vient que du mélange d'une portion d'air fixe avec l'air inflammable. Le réfidu
au furplus dans cette expérience, comme dans
la précédente, n'eft que de l'air ordinaire.

M. Prieftley n'a pas manqué d'examiner l'effet
de l'air inflammable fur les animaux & fur les
végétaux, les premiers y éprouvent des mouvemens convulfifs qui les conduifent bientôt à la
mort, à-peu-près de la même maniere que lorfqu'on les plonge dans l'air fixe. Quel que foit le
nombre des animaux qu'on y fait ainfi périr, la
qualité maifaifante de l'air n'en eft pas diminué,
& il a autant d'action fur le dernier que fur le
premier. Quant aux végétaux, il ne paroît pas
que l'air inflammable nuife à leur accroiffement,
cette derniere expérience a été faite fur celui tiré
par la diffolution du zinc.

Ces différentes expériences ont conduit M.
Prieftley à penfer que différentes efpèces d'air,
mêlées enfemble, pourroient fe corriger l'une
par l'autre; il a effayé en conféquence de mélanger l'air inflammable avec celui qui avoit été
refpiré par les animaux, & il a obfervé que l'air
qui en réfultoit, n'étoit plus inflammable. Il n'en
a pas été de même du mélange d'air inflammable
avec l'air fixe; ces deux airs ont confervé la

propriété de s'enflammer ; ils paroiſſent même exercer ſi peu d'action l'un ſur l'autre, qu'après être reſtés pendant trois ans ainſi mélangés, ils ſe ſont aiſément ſéparés par la ſimple agitation avec l'eau ; tout l'air fixe a été abſorbé, & la portion reſtante s'eſt trouvée auſſi inflammable qu'elle l'étoit dans l'origine.

Il étoit naturel de penſer que l'air inflammable étoit chargé de phlogiſtique ; cependant il ne peut être abſorbé ni par l'huile de vitriol, ni par l'eſprit de nître, malgré la grande analogie que ces acides ont avec le phlogiſtique ; il ne ſe combine pas non plus avec les vapeurs de l'eſprit de nître fumant, & ſon inflammabilité n'en eſt pas même diminuée.

ARTICLE IV.

De l'air corrompu ou infecté par la reſpiration des Animaux.

L'air qui a été reſpiré quelque temps par des animaux, a perdu la propriété d'entretenir la vie d'autres animaux. Lorſqu'un animal eſt mort dans cet air, & qu'on en ſubſtitue un autre à ce premier, il y périt à l'inſtant, & dès la première reſpiration. Il ſembleroit cependant que les animaux s'accoutument jufques à un certain point, à refpirer cet air nuifible : M. Prieftley a obfervé en effet que quand un animal a féjourné long-temps dans le même air, quoiqu'il s'y porte très-bien encore, fi l'on y met un autre animal, ce dernier y périt fur le champ ; cependant le premier continue d'y vivre pendant plufieurs minutes. Des animaux jeunes, toutes chofes égales, réfiftent plus long-temps que les vieux à cette épreuve. Ces circonftances occafionnent fouvent des différences dans le réfultat des expériences, de forte qu'on ne peut compter fur rien de précis, à moins qu'on ne les ait répétées plufieurs fois.

L'air qui a fervi ainfi à la refpiration des animaux, n'eft plus de l'air ordinaire ; il s'eft rapproché de l'état d'air fixe, en ce qu'il peut fe combiner avec la chaux, & la précipiter fous forme de terre calcaire ; mais il en differe, 1°. en ce que mêlé avec l'air commun, il en diminue le volume, au-lieu que l'air fixe l'augmente ; 2°. en ce qu'il peut toucher à l'eau, fans en être abforbé, 3°. en ce que les infectes & les végétaux peuvent y vivre, tandis qu'ils périffent dans l'air fixe.

M. Prieftley fait voir enfuite qu'il exifte une

analogie très-parfaite entre cet air & celui dans lequel on a tenu des animaux ou des végétaux en putréfaction : tous deux éteignent la flamme des chandelles, & font périr les animaux, tous deux précipitent également l'eau de chaux, enfin ils ont la même pesanteur, & l'un & l'autre peuvent être rétablis dans l'état d'air ordinaire par les mêmes moyens. M. Priestley conclud de cette analogie, que le principal usage des poulmons dans les animaux, est de procurer l'évacuation d'une effluve putride, qui corromproit les corps vivans, de la même maniere qu'ils se corrompent quand ils sont morts.

M. Priestley a été curieux d'examiner la diminution qu'éprouvoit le volume de l'air, soit par la corruption des matieres animales, soit par la respiration des animaux. Il a fait corrompre une souris dans une quantité donnée d'air, son volume a augmenté pendant les premiers jours, mais il a diminué ensuite, & huit ou dix jours après, par un temps chaud, la diminution s'est trouvée d'un sixiéme, ou d'un cinquiéme. Quelquefois cette diminution ne devient sensible qu'après qu'on a fait passer cet air deux à trois fois à travers de l'eau ; il en est de même de l'air qui a été respiré par les animaux, & de celui dans lequel on a tenu des chandelles allumées , leur volume peut être diminué par les mêmes moyens.

M. Prieftley a répété ces mêmes expériences , en employant du mercure à la place de l'eau : il a éprouvé une augmentation dans le volume de l'air pendant les premiers jours ; elle étoit environ d'un vingtiéme , la variation enfuite a été nulle pendant deux jours ; mais ayant introduit de l'eau dans la cloche , une partie de l'air a été abforbé , & fon volume a diminué d'un fixiéme. Quand on emploie de l'eau de chaux dans cette expérience , elle fe trouble & fe précipite , ce qui annonce que cet air eft en partie dans l'état d'air fixe.

Ayant mis de même des fouris dans un vaiffeau dont l'orifice étoit plongé dans du mercure , M. Prieftley ne s'eft point apperçu , lorfqu'elles ont été mortes , que l'air eût été beaucoup diminué , mais ayant retiré les fouris , & introduit de l'eau de chaux fous le vaiffeau , le volume de l'air a diminué , & la chaux a été précipitée.

Jufques-là M. Prieftley n'avoit opéré que fur de l'air commun , corrompu par les effluves des matieres animales putréfiées , ou , ce qui eft la même chofe , fur un mélange d'air commun & d'air dégagé par la fermentation putride. Il a cru devoir opérer fur ces effluves mêmes, fans aucun mélange d'air commun, & fes expériences lui ont préfenté quelques phénomènes particuliers. Il a mis des fouris mortes dans des vaiffeaux pleins d'eau, il les a renverfé dans des jattes ou cuvettes également remplies d'eau ; elles ont produit une quantité confidérable de matiere élaftique qui n'a point été abforbée par l'eau, mais qui lui a cependant communiqué une odeur infecte qui fe faifoit fentir au-dehors. Il a fait la même expérience dans un vafe rempli de mercure, & il a eu un dégagement confidérable d'air qui fut abforbé par l'eau de chaux, de la même maniere que l'auroit été de l'air fixe. Ces deux dernieres expériences femblent contradictoires avec les précédentes : on a vu, en effet, que la putréfaction des matieres animales diminuoit le volume de l'air commun dans lequel elles étoient enfermées ; on voit ici, au contraire, une production confidérable de matiere élaftique.

M. Prieftley, pour accorder ces phénomènes, fe perfuade que l'effluve de la putréfaction eft un air fixe mêlé avec une autre émanation, qui a la propriété de diminuer le volume de l'air commun, à mefure qu'elle fe combine avec lui. Cependant l'expérience n'a pas confirmé cette conjecture ;

conjecture ; car ayant essayé de mélanger avec
de l'air commun de l'air dégagé par la putréfaction, sans le concours de l'air commun, il n'a
point éprouvé de diminution de volume.

On peut encore, suivant M. Priestley, faire
varier tous ces phénomènes en variant les circonstances de l'expérience. Si l'on met, par
exemple, un morceau de bœuf ou de mouton
cuit ou cru, sous un bocal renversé, rempli de
mercure, & qu'on échauffe le mélange à un
degré au moins égal à celui de la chaleur du
sang ; il se forme au bout d'un ou deux jours
une quantité considérable d'air dont un septiéme
environ est susceptible d'être absorbé par l'eau,
le reste est inflammable. Une souris, dans la même circonstance & au même degré de feu, fournit une émanation putride qui éteint la flamme
des bougies & des chandelles.

L'air produit par les végétaux, dans les mêmes circonstances, est presque tout fixe, & ne
contient aucune partie inflammable. Le chou
pourri cuit ou crud, donne des produits semblables en tout à ceux qu'on obtient des matieres animales.

La respiration des animaux, les fermentations, les combustions, enfin les effluves de toute

I

efpèce, corromproient bientôt l'air de l'atmofphère, & le rendroient mortel à tous les animaux, fi la nature n'avoit un moyen de ramener
l'air corrompu à l'état d'air commun. Cet objet
a beaucoup occupé M. Prieftley, & voici quelle a
été à-peu-près le réfultat de fes expériences. Il a
éprouvé d'abord qu'une fimple agitation avec l'eau
ne pouvoit enlever à l'air, ainfi infecté, fa qualité
nuifible, à moins que cette agitation ne fût très-
long-temps continuée, circonftance qui ne peut
fe rencontrer dans l'ordre commun de la nature.
Il a effayé enfuite de mélanger cet air avec celui
dégagé du falpêtre qui détonne, avec la vapeur du
foufre; il l'a foumis à l'épreuve de la chaleur,
de la raréfaction, de la condenfation; mais toutes ces tentatives ont été fans fuccès : un feul
moyen lui a paru réuffir, & ramener l'air à l'état
de falubrité; & il foupçonne que ce moyen eft
celui de la nature : c'eft la végétation des plantes.
Il a fait, à cet égard, un grand nombre d'expériences, defquelles il réfulte qu'en enfermant des
plantes fous des cloches remplies d'air infecté,
elles y végetent; & au bout de quelques jours,
l'air eft auffi propre que celui de l'atmofphère, à
la refpiration des animaux.

M. Prieftley a auffi éprouvé que quatre parties d'air fixe mêlées avec une d'air corrompu, formoient un air propre à la refpiration; mais, comme ce mélange ne s'eft fait qu'à l'aide de plufieurs tranfvafions dans l'eau, il craint que ces tranfvafions mêmes n'ayent autant & peut-être plus contribué à rendre l'air falubre, que le mélange d'air fixe.

M. Prieftley avance encore dans cet article, que toute efpèce d'air nuifible, foit qu'il ait été infecté par la refpiration ou par la putréfaction, qu'il provienne de la vapeur des charbons allu-més, qu'il ait fervi à la calcination des métaux, qu'on y ait tenu pendant long-temps un mélange de foufre & de limaille de fer, ou de l'huile & du blanc de plomb, peut toujours être rendu falubre en l'agitant long-temps avec l'eau. Le volume de l'air diminue dans cette opération, lorfqu'on emploie de l'eau purgée d'air; il aug-mente, au contraire, quand on fe fert d'eau de puits qui contient beaucoup d'air. Cette affer-tion générale femble contredire ce qu'avoit avan-cé M. Prieftley dans un autre endroit, fçavoir que l'agitation avec l'eau ne fuffifoit pas pour dépouiller l'air corrompu de fa qualité nuifible.

ARTICLE V.

De l'air dans lequel on a mis un mélange de li-
maille de fer & de soufre.

On sçait, d'après les expériences de M. Hales,
qu'une pâte faite avec du soufre pulvérisé & de
la limaille de fer humectés avec de l'eau, diminue considérablement le volume de l'air dans
lequel elle est placée. M. Priestley a répété cette
expérience sous des cloches plongées dans du
mercure & dans de l'eau : la diminution a été
égale dans les deux cas, mais il a observé qu'elle
ne pouvoit excéder le quart ou le cinquiéme du
volume total de l'air contenu sous la cloche.
L'air, ainsi diminué, est plus léger que l'air
commun, mais il ne précipite pas l'eau de
chaux.

M. Priestley attribue cette derniere circonstance à la vapeur acide qui s'est exhalée du mélange
pendant l'opération, qui s'est combinée avec l'air,
& qui dissout la chaux au lieu de la précipiter.
La preuve qu'il en apporte, c'est que l'eau qui
sert à cette opération, prend une odeur marquée
d'esprit sulphureux volatil. Si, au lieu de faire
cette expérience dans de l'air ordinaire, on la fait

dans de l'air qui a déja été diminué, foit par la flamme des chandelles, foit par la putréfaction, la diminution eft à-peu-près égale à celle qu'on auroit obtenu dans l'air commun.

Le même mélange, dans l'air inflammable, le diminue d'un neuviéme ou d'un dixiéme ; dans l'air fixe, comme on l'a dit plus haut, la diminution eft égale à celle qui auroit eu lieu dans l'air ordinaire. M. Prieftley a obfervé que l'air ainfi réduit, par un mélange de limaille de fer & de foufre, étoit très-nuifible aux animaux, & il ne s'eft point apperçu que le contact de l'eau le rendît plus falutaire.

ARTICLE VI.

De l'air nîtreux.

M. Prieftley donne le nom d'air nîtreux au fluide élaftique qui fe dégage des diffolutions de fer, de cuivre, de laiton, d'étain, d'argent, de mercure, de nikel dans l'acide nîtreux, ainfi que de celle de l'or & de l'antimoine dans l'eau régale.

Cet air a une odeur forte, défagréable, & qui differe peu de celle de l'efprit de nître fumant : il a la propriété finguliere de fe troubler quand on le mêle avec l'air commun, de prendre une couleur rouge orangé foncée, & de produire une forte chaleur ; en même temps le mélange diminue confidérablement de volume.

M. Prieftley prétend que c'eft principalement à l'air commun qu'appartient cette diminution ; qu'elle ne lui appartient point cependant en totalité, mais que l'air nîtreux y contribue pour quelque chofe. Il le prouve par la diminution plus ou moins grande qu'il a éprouvée dans le volume des deux airs fuivant les différentes pro-portions dans lefquelles il les a mélangés. Lors, par exemple, qu'il a mêlé une mefure d'air nî-treux avec deux d'air commun, au bout de quel-ques minutes, & lorfque l'effervefcence a été paffée, le volume total, au lieu d'être de trois mefures, ainfi qu'il auroit dû l'être, en raifon de la fomme des volumes, ne s'eft trouvé, au contraire, que de deux mefures moins un neu-viéme, c'eft-à-dire moindre d'un neuviéme de mefure que la quantité d'air commun qu'il avoit introduite dans le mélange. Lorfqu'au contraire il a employé plus d'air nîtreux que d'air com-mun ; il a réfulté du mélange un volume moin-dre que les deux réunis, mais plus grand que n'étoit celui de l'air nîtreux ; ce qui paroît à

M. Prieftley ne pouvoir s'expliquer qu'en fuppofant la plus forte diminution de la part de l'air
commun.

M. Prieftley a encore effayé de mêler vingt
parties d'air nîtreux avec une partie d'air commun : la diminution a été d'un quarantiéme,
ç'eft-à-dire, de moitié du volume de l'air commun : or comme on a vu plus haut que la diminution de l'air commun dans tous les cas, n'excédoit jamais un cinquiéme ou un quart tout au
plus, il s'enfuit que tout l'excédant de la diminution doit être attribué à l'air nîtreux.

La proportion de deux tiers d'air commun
contre un tiers d'air nîtreux eft à-peu-près celle
qui donne le point de faturation. Si lorfqu'on eft
parvenu à ce point, on ajoute de nouvel air
nîtreux, il n'y a ni rougeur ni efferveſcence, &
le volume total demeure exactement égal à la
fomme de chacun des deux en particulier.

Il y a toute apparence que l'eau qui fert à
renfermer l'air fous la cloche dans ce mélange,
abforbe une portion de l'air ; en effet, la diminution de volume eft moindre, lorfqu'on fubftitue
du mercure à l'eau. Deux parties d'air commun
contre une d'air nîtreux, donnent alors, par leur
combinaifon, deux parties & un feptiéme, au-

I iv

lieu de deux parties moins un neuviéme ; fi on introduit enfuite de l'eau fous l'appareil, elle abforbe quelques portions d'air, mais la diminution de volume ne va jamais auffi loin que fi le mélange avoit été fait originairement fur l'eau.

L'air nîtreux ne fait aucune effervefcence, ni avec l'air fixe, ni avec l'air inflammable, ni en général avec tout air qui a été réduit par quelque moyen que ce foit ; on ne remarque non plus alors aucune diminution de volume. Au contraire, plus l'air eft falubre, plus la diminution de volume eft confidérable ; & cette circonftance a fourni à M. Prieftley un moyen fûr de reconnoître l'air falubre d'avec celui qui ne l'étoit pas ; dès le moment de cette découverte, il a préféré cette épreuve à celle faite fur les animaux.

L'air nîtreux eft fufceptible d'être abforbé par l'eau, fur-tout quand elle eft purgée d'air ; quant à la quantité de cette abforbtion, M. Prieftley donne des réfultats qui ne paroiffent pas s'accorder exactement entr'eux. Lorfque cet air a été une fois combiné avec l'eau, il eft difficile de l'en féparer ; elle donne à peine quelques bulles dans le vuide de la machine pneumatique ; & quelques tems qu'on l'y laiffe, elle conferve toujours le même goût. M. Prieftley a cependant éprouvé que cette eau, chauffée pendant une nuit, prenoit un goût fade, & qu'il s'en féparoit une pellicule ou écume qui lui a paru être une portion de chaux fournie par le métal dont cet air avoit été tirée. L'eau imprégnée d'air nîtreux peut fe conferver aifément dans des bouteilles, même fans être bouchées, & dans un endroit chaud ; M. Prieftley ne s'eft jamais apperçu qu'il éprouvât la moindre altération.

On a vu plus haut qu'un mélange de foufre, de fer & d'eau, diminuoit d'un quart ou d'un tiers le volume de l'air dans lequel il étoit contenu : l'air nîtreux fournit un moyen de poufter beaucoup plus loin cette diminution, fi fous la cloche qui renferme ce mélange, on introduit une portion d'air nîtreux, en une heure de temps l'air commun fe trouve réduit au quart de fon volume. Il y aura effervefcence vifible dans ce mélange ; & la chaleur en eft fi confidérable, qu'il eft impoffible de tenir la main fur la cloche qui le contient. La portion d'air qui refte, ne diffère point de l'air commun dans lequel auroit été mis un mélange de foufre & de fer ; il n'eft plus fufceptible d'être diminué davantage ; cette derniere circonftance eft commune à l'air ordinaire dont le volume a été réduit par l'air nîtreux : il n'eft plus fufceptible d'être diminué par un mélange de fer & de foufre, quoique cependant ces deux matieres s'y gonflent & s'y échauffent.

M. Prieftley a effayé de mélanger de l'air nîtreux avec de l'air inflammable, & il a eu un réfultat inflammable. La flamme qu'il a obtenue avec cet air, a cela de particulier, qu'elle eft de couleur verte ; cette circonftance tient, fuivant M. Prieftley, a la nature même de l'air, & ne dépend en rien du métal par le moyen duquel il a été extrait.

Un phénomène très-fingulier & prefqu'incroyable, c'eft qué l'air nîtreux, foit qu'il foit feul, foit qu'il ait été combiné avec de l'air commun, conferve toujours une pefanteur fpécifique fenfiblement égale à celle de l'air de l'atmofphère ; M. Prieftley, fur un volume de trois chopines, n'a jamais trouvé plus d'un demi-grain de différence, tantôt en plus, tantôt en moins. Comment concevoir cependant que deux fluides fe pénetrent au point qu'il en réfulte une diminution d'un tiers dans leur volume, fans que la pefanteur fpécifique du mélange foit plus grande que n'étoit féparément célle de chacun des deux fluides ?

L'air nîtreux eft extrêmement funefte aux végétaux : foit que cet air foit pur, foit qu'il ait été mélangé avec l'air commun au point de faturation, les plantes qu'on y enferme, y périffent en peu de temps.

Les métaux calcinés dans cet air, n'y operent aucun effet fenfible. Enfin M. Prieftley a reconnu qu'il avoit une vertu antifeptique beaucoup plus grande que l'air fixe, & qu'il pouvoit préferver très-long-temps les chairs de la corruption.

M. Prieftley termine cet article par une Table de la quantité d'air inflammable qu'on peut obtenir des différens métaux ; il en réfulte que le laiton eft celui de tous qui en donne le plus, enfuite le fer, enfin l'argent & le cuivre : les autres métaux en fourniffent beaucoup moins.

Article VII.

De l'air infecté par la vapeur du charbon de bois.

M. Cavendish avoit fait voir, dans un Mémoire communiqué à la Société Royale de Londres, & qui fe trouve dans les Tranfactions philofophiques, qu'en faifant paffer de l'air à travers un tuyau de fer rougi, qui contenoit de la pouffiere de charbon, il diminuoit environ d'un dixiéme de fon volume ; il avoit encore obfervé qu'on obtenoit de l'air fixe dans cette opération. M. Prieftley a répété ces expériences, & fes réfultats ont été les mêmes.

M. Prieftley a varié cette même expérience en la répétant fous une cloche de verre à l'aide du foyer d'un verre ardent., & il eft parvenu à produire une diminution d'un cinquiéme dans le volume de l'air ; les quatre cinquiémes reftans étoient en partie de l'air fixe, en partie de l'air inflammable. Ce qui eft très-digne de remarque dans cette expérience , c'eft que fi le charbon qu'on emploie a été calciné par un feu très vif, & capable de fondre en partie le creufet qui le contenoit, il n'y a point de diminution fenfible dans le volume de l'air dans lequel on le fait brûler. M. Prieftley attribue cet effet à l'air inflammable qui fe dégage du charbon dans ce dernier cas , & qui remplace la portion d'air abforbé. Il obferve , à l'appui de cette explication, que le charbon, qui a été médiocrement calciné, ne donne aucun veftige d'air inflammable. Si, au lieu d'opérer la combuftion du charbon fur de l'eau, on la fait fur du mercure, il n'y a plus de diminution dans le volume de l'air ; on obferve même quelque augmentation ; foit en raifon de l'air fixe

qui se dégage, soit en raison de l'air inflammable, mais sur-tout en raison du premier. Lorsqu'on introduit ensuite de l'eau de chaux dans
cet air, elle est précipitée sur le champ, & l'air
se trouve diminué d'un cinquiéme ; mais une
circonstance singuliere, c'est que le charbon que
M. Priestley a employé dans cette expérience,
& qui pesoit exactement vingt-neuf grains, s'est
trouvé exactement du même poids à la fin de
l'opération.

Lorsque l'air a été réduit par la combustion
du charbon, il éteint la flamme, il est funeste
aux animaux dans le plus haut dégré, il ne fait
point d'effervescence avec l'air nîtreux, il n'est plus
susceptible de diminution, soit qu'on y brûle de
nouveau du charbon, soit qu'on y mette un mélange de limaille de fer & de soufre, soit enfin
par quelque autre moyen que ce soit.

Article VIII.

De l'effet que produisent sur l'air la calcination des
métaux & les émanations de la peinture à l'huile
avec la cérufe.

D'après les expériences qu'on vient de voir
sur la combustion du charbon, M. Priestley s'est

cru en droit de foupçonner que la diminution du volume de l'air ne venoit que de ce qu'il étoit plus chargé de phlogiftique. La calcination des métaux lui offroit un autre moyen de produire un effet femblable, c'eft-à-dire, fuivant lui, d'obtenir une émanation de phlogiftique. En conféquence, il fufpendit des morceaux de plomb & d'étaim dans des volumes donnés d'air, & fit tomber deffus le foyer d'un verre ardent. L'air par cette opération, fe trouva diminué d'un quart; la portion qui reftoit ne fermentoit plus avec l'air nitreux, elle étoit pernicieufe aux animaux, comme l'air dans lequel on a brûlé du charbon, & elle n'étoit plus fufceptible de diminuer par un mélange de foufre & de limaille de fer. Cet air lavé dans l'eau, y a perdu tout ce qu'il avoit de pernicieux, & il s'eft rapproché beaucoup de l'air ordinaire. Soit que M. Prieftley ait employé le plomb ou l'étaim dans cette expérience, l'air reftant lui a toujours paru le même. Il a obfervé que, dans ces deux cas, il s'élevoit des métaux une vapeur jaunâtre, dont partie s'attachoit au haut du récipient, partie fe dépofoit à la furface de l'eau.

Si, au lieu de renverfer la cloche qui contient les métaux dans de l'eau commune, on la renverſe dans de l'eau de chaux, elle n'en eſt point précipitée ; mais ſa couleur, ſon odeur & ſa ſaveur en ſont conſidérablement altérés. Enfin, ſi au lieu d'eau de chaux, on ſe ſert de mercure, l'air ne diminue que d'un cinquiéme, au lieu de diminuer d'un quart : lorſque enſuite on a introduit de l'eau dans ce même air, on ne s'apperçoit pas qu'elle en abſorbe aucune portion.

Il paroît que M. Prieſtley a eſſayé de calciner les métaux dans l'air inflammable, dans l'air fixe & dans l'air nîtreux, ſans pouvoir y parvenir ; mais il a obſervé qu'ils pouvoient encore ſe calciner dans un air où le charbon ne brûloit plus.

M. Prieſtley explique tous ces phénomènes par l'émanation du phlogiſtique ; cette ſubſtance qui ſe dégage du charbon qui brûle & des métaux qui ſe calcinent, ſe combine, ſuivant lui, avec l'air, & en diminue le volume ; l'eau enſuite agitée avec cet air, lui enleve le phlogiſtique, & l'air ſe trouve reſtitué dans ſon état naturel. Il préſume encore que c'eſt en abſorbant la ſurabondance du phlogiſtique, que la végétation corrige l'air qui a été rendu nuiſible.

Ces réflexions ont conduit M. Prieſtley à l'explication de la cause des effets funestes que produit la peinture à l'huile nouvellement faite avec le blanc de plomb. Cette substance n'est, suivant M. Priestley, qu'une chaux de plomb imparfaite ; aussi en ayant peint plusieurs morceaux de papier, & les ayant placés sous un récipient, au bout de vingt-quatre heures, le quart ou le cinquième de l'air s'est trouvé absorbé ; ce qui en restoit ressembloit en tout à celui dans lequel on a calciné des métaux : il ne faisoit plus d'effervescence avec l'air nîtreux ; il n'étoit plus susceptible de diminution par la combinaison d'un mélange de soufre & de limaille de fer, & il a été aisément rétabli par la simple agitation avec l'eau.

ARTICLE IX.

De l'Air que l'on retire par le moyen de l'esprit-de-sel.

M. Priestley a éprouvé, d'après M. Cavendish, que la dissolution du cuivre par l'esprit-de-sel, produisoit une vapeur élastique. Il a reçu cette vapeur dans un vase renversé, plein de mercure & plongé dans du mercure ; mais y ayant ensuite introduit de l'eau, presque tout a disparu, & il n'est resté qu'une portion d'air inflammable.

Cet

Cet air blanchit l'eau de chaux ; mais M. Prieſtley ne penſe pas que la couleur laiteuſe ſoit dûe à la précipitation de la chaux, mais à quelque circonſtance particuliere qu'il n'a pas été à portée d'approfondir.

La diſſolution du plomb dans l'acide marin préſente les mêmes phénomènes : la vapeur élaſtique qui en réſulte, quand elle touche à l'eau, diminue des trois quarts de ſon volume ; le quart qui reſte, eſt inflammable. Dans la diſſolution de fer par l'eſprit-de-ſel, un huitiéme ſeulement de la vapeur élaſtique diſparoît par le contact de l'eau. Dans celle d'étaim, il en diſparoît un ſixiéme ; & dans celle de zinc, un dixiéme ſeulement : l'air reſtant de celui tiré du fer donne une flamme verdâtre ou bleuâtre pâle. M. Prieſtley penſe que cette vapeur eſt réellement abſorbée par l'eau, & il ſe perſuade même qu'il eſt un point de ſaturation au-delà duquel l'eau ne peut plus en recevoir davantage.

Il eſt évident, d'après les expériences mêmes de M. Prieſtley, que l'air, dont il eſt queſtion dans cet article, n'eſt autre choſe que de l'eſprit-de-ſel réduit en vapeurs ; en effet, on obtient une vapeur élaſtique toute ſemblable par le moyen de l'eſprit-de-ſel ſeul, & ſans qu'il ſoit néceſſaire d'y faire aucune diffolution métallique. Il eft aifé de juger, d'après cela, que l'eau imprégnée de cette vapeur, n'eft autre chofe que de l'efprit-de-fel, & qu'elle en a toutes les propriétés.

M. Prieftley s'eft affuré que cette vapeur élafti-que étoit beaucoup plus pefante que l'air : 2 grains $\frac{1}{2}$ d'eau de pluie peuvent en abforber trois mefures capables de contenir une once d'eau chacune ; après quoi l'eau pefe le double, & fe trouve augmentée d'un tiers de fon volume. Cette même vapeur a, fuivant M. Prieftley, une très-grande difpofition à s'unir au phlogiftique ; elle l'enleve à toutes les autres fubftances, & for-me avec lui un air inflammable. Cette circonftan-ce porte M. Prieftley à croire que l'air inflammá-ble n'eft qu'une combinaifon d'une fubftance acide en vapeurs avec le phlogiftique ; il s'eft encore confirmé dans cette opinion, parce qu'ayant verfé fur cette vapeur de l'efprit de-vin, de l'huile d'olive, de l'huile de thérébentine, & y ayant mêlé du charbon, du phofphore, même du foufre, il a en a réfulté de l'air inflammable : cette derniere expérience fembleroit annoncer que l'acide marin, dans cette circonftance, a la puiffance de décompofer le foufre.

M. Prieftley a encore fufpendu dans cette

vapeur élaftique un morceau de falpêtre ; à l'inftant, il y a été environné d'une fumée blanche
de la même maniere que fi l'on eût mêlé cet air
avec de l'air nîtreux : cette expérience prouve
encore que l'efprit-de-fel en vapeur eft dans
quelques circonftances plus fort que l'acide nîtreux, qu'il peut le décompofer & le chaffer de fa
bafe.

Prefque toutes les liqueurs abforbent très-
promptement la vapeur de l'efprit-de-fel ; l'huile
de lin l'abforbe plus lentement que les autres, &
elle devient noire & gluante.

ARTICLE X.

Obfervations diverfes.

M. Prieftley place dans cet article, quelques
expériences qui n'ont pu entrer dans les divifions
précédentes. Il a mis dans une phiole de la petite
bierre, & l'a placée fous une jarre renverfée dans
de l'eau : il y a eu dégagement d'air dans les premiers jours, enfuite une diminution graduelle,
qui a été portée environ à un dixiéme de la quantité d'air primitive. La bierre, après cette épo-
que, étoit aigre ; l'air qui reftoit éteignoit les
chandelles ; cependant ayant effayé de le mêler

avec quatre fois autant d'air fixe, une souris pût y vivre comme dans l'air ordinaire.

M. Prieftley établit comme un principe que tout air factice eft nuifible aux animaux à l'exception de celui tiré du falpêtre par la détonnation : une chandelle brûle dans ce dernier, & fa flamme même augmente avec une efpèce de fifle-ment quand l'air eft nouvellement dégagé ; fans doute qu'alors il contient encore quelques portions de nître non décompofé. M. Prieftley ayant confervé de cet air pendant un an , il fe trouva, au bout de ce temps, extrêmement nuifible aux animaux , mais l'ayant lavé dans de l'eau de pluie , il redevint falutaire & fermenta avec l'air nîtreux , de la même maniere que l'air commun.

M. Prieftley a encore effayé l'effet de la vapeur du camphre & de l'alkali volatil fur les animaux. Une fouris , introduite dans une bouteille remplie de ces vapeurs , n'en fut pas fort incommodée, elle touffa un peu fur-tout lorfqu'elle en fortit , mais il ne lui en refta aucune impreffion fâcheufe.

M. Prieftley termine fon Ouvrage par des expériences très-fingulieres fur l'air commun qui a été agité long-temps avec l'eau : il a renverfé dans de l'eau bouillante , des jarres pleines d'air commun; en peu de temps, les $\frac{4}{7}$ de cet air ont été abforbés ; la portion reftante éteignoit la flamme, mais elle ne faifoit aucun mal aux animaux. Les quantités abforbées ne font pas toujours exactement les mêmes ; elles dépendent beaucoup, fans doute, de l'état de l'eau qu'on emploie.

L'air, dont une partie a été ainfi abforbée par l'eau, ne peut pas être aifément rétabli même par la végétation des plantes.

M. Prieftley a obfervé qu'une chopine d'eau de fon puits, contenoit le quart d'une mefure d'air, de la capacité d'une once d'eau ; cet air éteint les chandelles, mais ne fait point mourir les animaux.

M. Prieftley a gardé très-long-temps de l'air commun dans des bouteilles, dans la vue de s'affûrer fi l'état de ftagnation ne l'altéreroit pas à la longue ; l'ayant effayé enfuite, il l'a trouvé auffi falubre qu'au moment où il avoit été enfermé, il fermentoit également bien avec l'air nîtreux.

Cet Ouvrage de M. Prieftley eft fuivi de quelques expériences de M. Hey, qui ont pour objet de prouver que l'eau imprégnée d'air fixe dégagé de l'huile de vitriol & de la craie, ne contient rien des matieres qui ont fervi à le former. Cette

eau ne change point la couleur du firop de violette, tandis qu'une feule goutte d'acide vitriolique fur une chopine d'eau, lui donne une teinte
de pourpre très-fenfible.

Cette eau trouble un peu la diffolution de
favon dans l'eau ; mais M. Hey prétend que cet
effet eft dû à la combinaifon qui fe fait de l'air
fixe avec l'alkali cauftique du favon, & qui occafionne la féparation de quelques portions d'huile.
Elle trouble également un peu la diffolution de
fucre de Saturne.

A la fuite de ces expériences eft une Lettre
de M. Hey adreffée à M. Prieftley fur les effets
de l'air fixe appliqué en lavemens dans les maladies putrides.

CHAPITRE XVI.

Expériences fur la chaux, par M. Duhamel.[*]

J'AI annoncé ci-deffus, pages 90 & 92, que
je différois de rendre compte des expériences de
M. Duhamel fur la chaux pour ne point inter-

---

[*] Ce Chapitre eft extrait des Mémoires de l'Académie
Royale des Sciences, année 1747.

rompre le fil de ce que j'avois à dire fur l'hiftorique de l'air fixe ; je m'empreffe dans ce moment de rendre à ce célebre Académicien ce qui
lui eft dû ; on fçait qu'il eft peu de partie des
Sciences qu'il n'ait enrichi.

M. Duhamel a obfervé que le marbre blanc
calciné à un feu très-vif perdoit environ un tiers
de fon poids ; encore au fortir du feu , n'étoit-il
pas calciné jufques au centre , & reftoit-il au
milieu un noyau qui participoit autant du marbre
que de la chaux. La pierre à chaux de Courcelles,
d'où nous vient prefque toute la chaux que nous
employons dans nos bâtimens , n'a pas été , à
beaucoup près , auffi difficile à calciner ; & il
paroît en général que la calcination eft d'autant
plus prompte & d'autant plus aifée, que la pierre
eft plus tendre. Les pierres de Courcelles, perdent
par la calcination , environ 8 onces 4 gros par
livre, c'eft-à-dire, un peu plus de moitié de
leur poids. Expofées enfuite à l'air , elles s'y
gerfent, s'y réduifent en poudre, & reprennent
peu-à-peu une partie du poids qu'elles avoient
perdu ; mais il s'en faut de cinq onces & demie
par livre, qu'elles ne reviennent à la pefanteur
qu'elles avoient avant la calcination.

M. Duhamel a fait quelques recherches fur la

quantité d'eau nécessaire pour éteindre la chaux ; il a pris 16 onces de chaux de Courcelles ; il l'a éteinte avec de l'eau jusqu'à ce qu'elle fût en consistance de bouillie, & l'a laissée sécher à l'air ; elle pesoit ensuite 26 onces, c'est-à-dire, qu'elle avoit acquis une augmentation de poids de 10 onces. La chaleur de l'étuve continuée sur cette chaux pendant un temps assez considérable n'a pas diminué sensiblement son poids.

La quantité d'eau qu'absorbe la chaux de marbre est beaucoup plus considérable que celle qu'absorbe la chaux des pierres de Courcelles.

M. Duhamel a essayé de chasser par le feu cette même eau qu'il avoit introduite dans la chaux, mais il y a trouvé beaucoup de difficultés ; & quoiqu'il ait employé un fourneau de fusion, dans lequel le feu étoit animé par un fort soufflet, la chaux a toujours conservé une augmentation de poids de quatre gros & demie par livre : elle étoit occasionnée, sans doute, par un reste d'eau qui n'avoit pu s'en dégager. Cette chaux alors étoit dans l'état de chaux vive, & en présentoit tous les phénomènes.

Le Mémoire de M. Duhamel contient ensuite des expériences très-nombreuses & très-intéressantes sur la chaux-vive & sur sa combinaison avec les acides ; mais comme elles feroient étrangeres à mon objet, j'en fupprime ici le détail : il me fuffira de dire que la chaux combinée avec les trois acides minéraux, ne donne pas de produits différens de ceux qu'on obtient avec la craie, & en général avec toutes les terres calcaires pures. M. Duhamel a obfervé qu'il fe dégageoit dans toutes ces combinaifons une vapeur vive & pénétrante qui précipitoit la diffolution d'argent, & cette circonftance jointe à fon odeur, lui a fait foupçonner que c'étoit de l'efprit-de-fel.

M. Duhamel termine ce Mémoire par une obfervation finguliere, & tout-à-fait neuve au moment de fa publication : il a fait diffoudre dans de l'eau diftillée, de l'alkali du tartre ; il a fait évaporer, & il a obtenu des criftaux ; d'où l'on voit que c'eft à M. Duhamel qu'appartient dans l'origine la découverte de la criftallifation des alkalis.

CHAPITRE XVII.

Observations de M. Rouelle, Démonstrateur en Chymie au Jardin Royal des Plantes à Paris, sur l'air fixe & sur ses effets dans certaines eaux minérales. *

L'AIR fixe devient de jour en jour l'objet des travaux des Chymistes, ainsi que de la plûpart des Physiciens. Le célebre M. Hales est en quelque façon le premier qui nous ait mis sur la voie par le travail suivi qu'il nous a laissé sur cette

---

* *Nota.* L'Ouvrage que je donne aujourd'hui sur les émanations élastiques & sur la fixation de l'air dans les corps, étoit presque fini, & j'étois au moment d'en entamer la lecture à l'Académie, lorsque ces Observations de M. Rouelle parurent. Comme elles sont courtes, qu'elles sont d'ailleurs très-intéressantes & peu susceptibles d'extrait, j'ai cru que le Public me sçauroit gré de les lui donner dans leur entier ; je ne fais en conséquence que transcrire ici, mot pour mot, l'article du Journal de Médecine de M. Roux du mois de Mai dernier, où ces Observations font imprimées, & ce n'est plus moi, mais M. Rouelle qui parle dans ce Chapitre.

matiere. Meſſieurs Macbride & Black y ont ajouté une ſuite bien intéreſſante d'expériences lumineuſes. Enſuite M. Prieſtley, à Londres, & M. Jacquin, à Vienne, ont ſi bien appuyé la doctrine de M. Black, que cette matiere eſt devenue une des plus intéreſſantes de la Chymie & de la Phyſique, par la relation immédiate que cet être, nouvellement connu, peut & doit avoir avec une infinité de phénomènes de la nature.

Je me borne ici au rapport que l'air fixe paroît avoir avec certaines eaux minérales, & quelques grands phénomènes de la nature, & je vais rapporter, le plus ſuccinctement qu'il me ſera poſſible, quelques expériences qui nous font connoître ſon uſage; ſes effets relativement au fer qu'on trouve dans ces eaux, & qui donnent la ſolution de quelques faits qu'on ne ſçauroit, ce me ſemble, expliquer ſans lui.

L'eau diſtillée, l'eau de riviere, les eaux les plus pures, en un mot, comme l'a remarqué M. Prieſtley, s'impregnent facilement d'air fixe; & dès-lors elles ont le même goût, la même ſaveur, & préſentent les mêmes phénomènes que les eaux minérales, qu'on appelle mal-à-propos *acidules*. C'eſt ce que M. Venel a déjà complettement démontré le premier. Les expériences qui le prouvent sont connues, & je ne les ai répétées que pour me disposer plus sûrement à celles que j'ai tentées ensuite, & dont je vais rendre compte.

1°. J'ai imprégné d'air fixe de l'eau distillée, à la maniere de Priestley. J'en ai pris sur le champ une bouteille dans laquelle j'ai ajouté un peu d'une mine de fer, de la nature de la pierre d'aigle, réduite en poudre très fine. Cette mine n'est pas attirable par l'aimant, du moins d'une maniere qu'on puisse appeller sensible. J'ai bouché la bouteille le plus exactement qu'il m'a été possible, & l'ai laissée en repos & renversée pendant vingt-quatre heures.

Il s'y est dissout assez de fer pour donner, avec l'infusion de noix de galle, une forte teinte vineuse violette, tirant un peu sur le noir.

La liqueur qu'on prépare pour précipiter le bleu de Prusse, ou l'alkali phlogistiqué, la colore en verd bleu ; & au bout de quelques jours, il s'y forme un précipité plus ou moins considérable, qui est un vrai bleu de Prusse.

Cette eau aérée ayant bouilli, perd toutes ses propriétés. Elle se trouble, dépose une matiere ocreuse, & ne donne plus de teinte violette, ni

verd, ni bleu, par la noix de galle ou par l'alkali phlogiftiqué.

Expofée à l'air libre pendant plufieurs jours,
elle y perd également toutes ces propriétés, &
précifément de la même maniere que les eaux
minérales que M. Montet appelle *ferrugineufes*.

Je ne fuis pas le premier qui aie imaginé de
diffoudre le fer pur dans l'eau, à l'aide de l'air
fixe. M. Prieftley nous apprend *que fon ami M.*
Lane a mis de la limaille de fer dans cette eau mixte,
& qu'il a fait une eau chalybée ou ferrée, forte &
agréable, femblable à quelques eaux naturelles qui
tiennent le fer en diffolution, par le moyen de l'air
fixe feulement, & fans aucun acide.

Mais on fent bien qu'on trouve très-rarement
le fer, dans le fein de la terre, uni à tout fon
phlogiftique, & que la nature a rarement de la
limaille de fer fous fa main. J'ai donc cru devoir
diriger mes expériences fur une fubftance mar-
tiale plus commune ; & c'eft pour cela que j'ai
préféré les mines de fer du genre de la pierre
d'aigle, qui font très-abondantes, & qu'on trouve
par-tout.

2°. Eau diftillée, une livre, fel marin à bafe
terreufe, quatre grains, fel d'epfum, douze
grains, mine de fer, à volonté ; car l'eau n'en

prend que la petite portion qu'elle en peut diſſoudre.

Cette eau ayant été aërée, donne, avec la
noix de galle, une forte teinte violette vineuſe,
& prend, avec la liqueur du bleu de Pruſſe, une
couleur aſſez foncée d'un verd tirant ſur le bleu.

3°. De l'eau chargée de douze grains de ſel
marin, de dix-huit grains d'alkali fixe minéral,
par livre, & imprégnée d'air, a pris moins de
fer que les précédentes. La couleur violette par
la noix de galle, & le verd-bleu par l'alkali
phlogiſtiqué, étoient plus pâles & plus éteints. Il
eſt vrai que l'une & l'autre de ces couleurs ſe ſont
développées un peu au bout de quelque temps.

Cette eau, par l'ébullition, perd la propriété
de verdir avec l'alkali fixe phlogiſtiqué ; mais
l'infuſion de noix de galle y manifeſte encore un
veſtige de fer.

4°. L'eau de riviere imprégnée d'air fixe, chargée d'un peu de mine de fer, a pris, avec la noix
de galle, une teinte violette très foncée, & une
belle couleur bleue avec l'alkali phlogiſtiqué.

La même eau de riviere, pure & non aërée,
chargée de la même mine, & la bouteille bien
bouchée, n'a donné au bout de vingt-quatre
heures, quoiqu'on l'eût ſouvent agitée, aucun

signe de la préfence du fer, par aucun de ces deux réactifs.

M. Monnet, dans fon Traité des Eaux minérales, propofe comme un moyen éprouvé, pour faire une eau ferrugineufe non aërée, d'enfermer de la limaille de fer récente dans une bouteille, de la bien boucher, & de l'agiter fouvent pendant plufieurs jours.

J'aurai lieu de parler, dans une autre occafion, de cette maniere de rendre les eaux ferrugineufes fans air fixe. Il y en a en effet beaucoup dans la nature, qui font martiales fans cet intermede, comme M. Monnet l'a démontré.

5°. L'eau d'Arcueil pure & non aërée, ayant été chargée de la même mine, & traitée par les réactifs, n'a donné aucun figne de la préfence du fer.

Je l'ai aërée, & pour lors le fer s'y eft diffout; la noix de galle m'a donné une couleur violette qui s'y eft développée peu-à-peu ; & l'alkali phlogiftiqué a fait fur le champ une couleur verte affez foncée.

J'ai ajouté de l'efprit de fel fur cette eau, afin de faturer en partie la terre abforbante qu'elle tient en diffolution ; je l'ai enfuite imprégnée d'air fixe, & j'ai obtenu avec les réactifs les couleurs ordinaires de violet & de verd ou bleu ; mais l'une & l'autre avoient moins d'intensité qu'avec les précédentes eaux. Il semble que la présence des sels & de la terre, dont certaines eaux sont chargées, nuisent beaucoup à la solution de ce fer ; cependant j'ai trouvé que l'eau du puits de chez moi prenoit un peu de fer sans être aërée.

Cette eau ayant bouilli, tout le mars s'en est séparé, en sorte que les réactifs n'y font plus rien.

6°. L'eau de Seine pure, aërée par l'appareil ordinaire, avec la vapeur qui se dégage de la précipitation de l'hépar par les acides, & chargée de la même mine, change à peine de couleur avec la noix de galle, & point du tout par l'alkali phlogistiqué.

Cependant je dois observer que non-seulement la mine de fer, mais encore les safrans de mars calcinés, & non attirables par l'aimant, comme le safran du résidu du sublimé corrosif, & celui qu'on appelle *rouge de Berlin*, noircissent assez promptement lorsqu'on les mêle à cette eau imprégnée de cette vapeur.

L'eau, ainsi chargée de cette vapeur, prend le goût & une forte odeur d'hépar ; elle conserve l'un & l'autre assez long-temps, même à l'air libre, mais elle s'y trouble, & devient comme

du

du petit-lait qui n'auroit pas été clarifié ; ce qui est dû à une portion de foufre très-atténuée, qui fe dégage de l'eau & qui fe précipite.

Cette vapeur qui s'éleve de la précipitation de l'hépar par tous les acides, eft très-inflammable (1). Elle l'eft même encore après avoir paffé

Note de M. Rouelle.

(1) Je croyois avoir vû le premier ce phénomène ; mais je viens de retrouver que M. Meyer en a fait mention. C'eft le hafard qui le lui préfenta comme à moi. Nous fûmes chargés mon frere & moi, en 1754, d'examiner des monnoies d'or qu'on prétendoit tellement alliées, qu'aucun des moyens en ufage dans les effais & la purification de l'or, ne pouvoient en faire le départ. Nous en avions quatre onces en diffolution par l'*hépar*. J'en fis la précipitation de nuit ; la lumiere étoit auprès, & je me vis tout-à-coup environné d'une grande flamme, dont je connus bien vîte la caufe. M. Meyer paroît attribuer l'inflammation de cette vapeur à une portion de vrai foufre qui eft tellement divifé, qu'il eft volatilifé & emporté par le torrent de la vapeur ; & en cela, je préfume qu'il fe trompe. La vapeur elle-même eft inflammable, & la portion de foufre qu'elle entraîne brûle avec, & n'eft qu'un acceffoire à cette inflammation ; puifque, fi l'on agite cette vapeur ainfi chargée de foufre avec de l'eau, le foufre s'en dégage, comme je l'ai dit ci-deffus ; la vapeur, dépouillée de ce foufre étranger, ne ceffe pas pour cela d'être inflammable.

L

au travers de-l'eau , avec laquelle elle ne forme presque point d'union ; ce qui me fait croire qu'elle ne contient que très-peu d'air fixe véritable pur , quoiqu'il s'en dégage abondamment par l'effervescence des acides avec l'alkali de l'hépar ; mais je vois par les phénomènes qu'il présente , qu'il est ici , ainsi que dans les dissolutions métalliques par les acides , dans un état très-différent de l'air fixe ordinaire. Aussi l'eau ne s'impregne-t-elle de cette vapeur que très-peu , & avec la plus grande difficulté. M. Priestley a observé le même phénomène.

7°. J'ai pris une pinte d'eau de riviere pure, j'y ai ajouté , suivant le procédé de M. Venel, deux gros d'alkali fixe minéral , & six gros d'esprit-de-sel , qui , d'après des expériences préliminaires , étoit la quantité nécessaire pour saturer cet alkali. J'ai fortement bouché la bouteille dans le temps de l'effervescence. Vingt - quatre heures après , je l'ai ouverte avec précaution pour y introduire de la mine de fer, & je l'ai rebouchée sur le champ.

Au bout de deux fois vingt-quatre heures, l'eau étoit encore bien aërée aux yeux & au goût ; mais elle n'a fait que brunir un peu avec l'infusion de noix de galle , & à peine a-t-elle verdi, quelques temps après, par l'addition de l'alkali phlogistiqué.

8°. J'ai reçu dans une veſſie la vapeur qui s'éleve d'une diſſolution de fer par l'acide du ſel. Cette vapeur, qui eſt & reſte long-temps inflammable, s'incorpore très-difficilement dans l'eau ; mais, quelque petite que ſoit la quantité que l'eau en prend, elle n'en contracte pas moins une odeur très-ſenſible d'*hépar* ou d'œuf pourri.

L'eau ne prend non plus qu'une quantité infiniment petite de la vapeur qui ſe dégage de la diſſolution de fer par l'acide vitriolique, mais elle ne contracte pas la même odeur d'hépar que dans l'expérience ci-deſſus.

L'air qui ſe dégage des corps eſt donc dans deux états très-différens. Dans quelques-uns, ce n'eſt qu'un air fixe pur ; & celui-ci ſe combine avec l'eau en ſi grande quantité, qu'il peut, au moins, égaler ſon volume, & lui communiquer pluſieurs propriétés ; entre autres, celle de diſſoudre le fer, de précipiter l'eau de chaux, comme le fait l'air fixe lui-même, &c. Tel eſt l'air qu'on dégage par la combinaiſon des acides avec les ſubſtances alkalines & calcaires, la vapeur qui s'éleve des liqueurs ſpiritueuſes actuellement en fermentation, & celle du charbon. Dans

L ij

tous ces cas, cette vapeur ou cet air fixe n'eſt point inflammable.

Au contraire, celui qui ſe dégage dans la précipitation du foie de ſoufre par quelqu'un des trois acides minéraux, ou par l'acide du vinaigre, celui que fourniſſent en abondance les diſſolutions du fer & du zinc par l'acide vitriolique & l'acide marin, ſont très-inflammables. Cette vapeur paſſe au travers de l'eau ſans s'y incorporer & ſans perdre la propriété de s'enflammer, qu'elle peut même conſerver long-temps. Elle communique à l'eau un goût & une odeur très-remarquables de précipitation de foie de ſoufre. Mais elle differe encore de l'air fixe ordinaire, en ce qu'elle ne précipite point l'eau de chaux ; & , pour le dire en paſſant, on peut la comparer avec l'air qu'on obtient par la diſtillation des végétaux & des animaux, que M. Hales a examiné le premier, & qu'il a reconnu être encore inflammable long-temps après.

Ce n'eſt pas que , dans la précipitation de l'*hépar*, ainſi que dans les diſſolutions métalliques, il ne ſe dégage beaucoup d'air ; mais il y eſt viſiblement combiné avec une grande quantité de phlogiſtique ; & c'eſt en raiſon de cette combinaiſon qu'il eſt plus ou moins immiſcible

ou infoluble dans l'eau , & qu'il devient propre
à s'enflammer.

Jettons maintenant un regard fur ce qui fe
paffe en grand dans la nature ; je crois qu'on
trouvera la même différence entre cet être in-
coercible , pour ainfi dire , qui fe dégage des
eaux minérales froides , qu'on appelle fauffe-
ment *acidules*, comme celles de Buffans, de Sel-
ters , &c. & la vapeur fulphureufe qui s'éleve des
eaux thermales, comme celles d'Aix-la-Chapelle,
de Bareges , Cauterets , &c.

Dans les premieres , il paroît que cet être n'eft
autre que l'air fixe , le même qu'on obtient par
la méthode de Prieftley. Au lieu que la vapeur
fulphureufe des eaux d'Aix-la-Chapelle , &c. doit
avoir un grand rapport avec celle qui fe dégage
de la précipitation des hépars.

Il feroit à fouhaiter que les Chymiftes, qui
font plus à portée de ces eaux, vouluffent vérifier cette conjecture , & nous apprendre auffi fi
cette vapeur eft inflammable comme celle des
hépars. Ce qu'il y a de certain , c'eft que celle-ci
a précifément la même odeur, comme on le fçait,
que celle qui s'éleve des eaux minérales. Elle a
auffi la propriété de noircir l'argent , même lorfqu'on l'a introduite dans l'eau , ainfi que les

chaux métalliques, & même les safrans de mars les mieux calcinés, & non attirables par l'aimant.

Nous pouvons observer aussi les mêmes rapports & les mêmes différences dans les mouffettes. On sçait qu'il y en a de deux sortes. Les unes, comme celles de la grotte du chien, ne sont point inflammables ; elles ne noircissent point l'argent, ni les chaux métalliques ; elles éteignent les flambeaux, &c. ainsi que les vapeurs qui se dégagent de la fermentation spiritueuse : celle du charbon, l'air fixe qui se dégage des combinaisons des acides avec les alkalis, à la manière de M. Priestley, produisent les mêmes phénomènes que la grotte du chien, & peuvent lui être comparés à tous égards.

Il se dégage donc de la terre un air fixe semblable à celui qui est produit dans certaines expériences de Chymie, & dans la fermentation des liqueurs spiritueuses ; puisque celui ci, comme le remarque M. Priestley, a aussi la propriété de se dissoudre dans l'eau. C'est principalement à raison de cet air que les sources minérales froides tiennent le plus de fer en dissolution, & qu'à l'exemple de nos eaux artificiellement aérées, elles le déposent promptement, soit par le repos à l'air libre, soit enfin par l'ébullition.

Cet air fixe qu'on introduit dans l'eau eſt, comme l'a remarqué M. Prieſtley, d'un volume égal à celui de l'eau qui en eſt imprégnée. Cet air n'y eſt pas ſeulement interpoſé ; il y eſt véritablement dans un état de combinaiſon ; l'eau peut même être filtrée ſans en être dépouillée d'une maniere ſenſible. Cependant cette eau n'acquiert pas pour cela un volume ni un poids remarquable, en proportion du grand volume d'air qu'elle a pris.

Ne pourroit-on pas ſoupçonner, d'après tous les effets de l'air fixe, que c'eſt lui qui paſſe de là terre dans la végétation, par ce mouvement de fermentation univerſelle que le retour du ſoleil excite dans la nature, à la naiſſance du printems?

En effet, l'air qui ſe combine dans les végétaux, d'après les expériences de M. Hales, a perdu toutes ſes propriétés élaſtiques, quoiqu'il y ſoit en quantité numérique & pondérable.

Quant à l'autre eſpèce de mouffettes, on ſçait qu'il ſe dégage dans les galeries des mines, & ſur tout des mines de charbon de terre, dans celles de ſel gemme, &c. deux ſortes de vapeurs, dont l'une eſt même ſouvent viſible. Elle eſt immiſcible avec l'eau, elle s'enflamme & détonne ſouvent avec beaucoup de bruit & de fracas ;

l'autre au contraire ne s'enflamme point ; mais celle-ci éteint les lampes & les flambeaux, comme la vapeur de la grotte du chien, comme celle de la fermentation spiritueuse, & comme celle du charbon ; mais toutes tuent également les animaux qu'on y expose.

On fçait qu'il y a des vapeurs qui s'élevent de certaines eaux, soit dans des souterreins, soit méme à l'air libre, qui prennent feu & s'enflamment très-rapidement.

M. Priestley a conclu, d'après quelques effets salutaires qu'on lui a rapportés, que l'air fixe n'étoit point nuisible, & qu'on pouvoit le respirer. Pour moi, je soupçonne fort que par-tout où il sera rassemblé en quantité, & sans communication avec l'air de l'atmosphère, il peut devenir dangereux, & peut être tuer comme les vapeurs dont nous venons de parler ; c'est ce dont je rendrai compte, d'après une suite d'expériences qui pourront décider la question (1).

Quant à la vapeur de l'hépar, j'ose assurer qu'elle est aussi pernicieuse que celle du charbon. C'est à mes dépens que j'ai appris à la connoître, & j'ai failli un jour en être suffoqué.

Note de M. Rouelle.

(1) Je viens d'apprendre que M. Priestley l'a déja décidée.

Voici les fimptômes que cette vapeur occa-
fionna en moi. Ayant voulu la refpirer fortement, pour démêler le caractere de cette odeur,
je portai le nez & la bouche ouverte fur le vafe,
dans l'inftant que j'y faifois une précipitation
d'hépar très en grand. Je fus pris fur le champ,
& me trouvai fubitement dans l'impoffibilité
d'infpirer, & fur-tout d'expirer. Je fentois ma
poitrine dans un état de dilatation, jointe à un
ferrement infupportable. Dans cet état, quelqu'effort que je fiffe, je ne pouvois ni introduire ni chaffer l'air des poumons. Je me préci-
pitai hors du laboratoire du Jardin du Roi où je
faifois cette expérience, je gagnai le large & la
muraille de la cour pour me foutenir, car tout
défailloit en moi; & ce ne fut qu'après avoir fait
les plus grands efforts d'infpiration & d'expira-
tion au grand air, que je commençai à redevenir
maître de cette fonction, & enfemble de mes
mouvemens. Mais je fus encore tout l'après-
midi dans un état de mal-aife & d'oppreffion,
accompagné de pefanteur de tête que j'aurois de
la peine à exprimer (1).

Note de M. Rouelle.

(1) M. Meyer rapporte auffi un accident femblable, arrivé à fon aide en fa préfence, en faifant une précipitation
d'hépar en grand.

On sçait que l'air fixe qu'on dégage à la maniere de M. Priestley, a aussi des propriétés qui lui sont communes avec l'air ordinaire. Si on l'introduit dans le vuide, le vuide cesse, & les vaisseaux se détachent. Celui qui est inflammable, présente le même phénomène. Il est donc propre aussi à contrebalancer l'effort de l'atmosphère; ce qui prouve, entr'autres choses, ce me semble, que cette vapeur n'est pas seulement le phlogistique ou l'*acidum pingue*, comme on l'a avancé sur de simples spéculations, mais au contraire que c'est de l'air qui, quoique combiné, conserve encore les principales propriétés de l'air ordinaire, quoiqu'il en differe à tant d'autres égards (1).

Note de M. Rouelle.

(1) Je viens d'apprendre qu'il paroît depuis peu une Dissertation en anglois de M. Priestley, dans laquelle on trouve une très-belle suite d'expériences sur l'air fixe, l'air inflammable, & l'air méphitique ou de putréfaction. J'ai regret de ne l'avoir pas connue plutôt; la maniere dont sont faites les expériences que nous avons déja de lui, est un garant sûr de l'usage excellent qu'on peut faire de tout ce qui vient de sa main.

CHAPITRE XVIII.

Extrait d'un Mémoire de M. Bucquet, Docteur-Régent de la Faculté de Médecine de Paris, ayant pour titre : Expériences Physico-chymiques sur l'air qui se dégage des corps dans le temps de leur décomposition, & qu'on connoît sous le nom d'air fixé, lu à l'Académie Royale des Sciences le 24 Avril 1773.

M. Bucquet, après avoir rendu compte dans un Abrégé très-concis, des expériences de Van-Helmont, de Boyle, de Messieurs Black, Macbride & Jacquin, sur la nature des émanations élastiques qui se dégagent des corps, & sur l'air fixe ou fixé, entreprend de déterminer, 1°. si l'air fixe est le même que celui de l'atmosphère. 2°. S'il est le même de quelque corps qu'il ait été tiré.

M. Bucquet s'est servi, dans une grande partie de ses expériences, de l'appareil de M. Macbride, dont on a donné la description plus haut *.

---

* Chap. IX. p. 48.

On se rappelle qu'il consiste en deux bouteilles qui communiquent ensemble par un tube de verre recourbé. Cet appareil, tel que s'en est servi M. Macbride, a le grand inconvénient de ne permettre d'opérer que sur de l'air fixe mélangé avec une quantité très-notable d'air de l'atmosphère, & cette circonstance a engagé M. Bucquet à y faire quelques changemens. Il y a ajouté des robinets ; il l'a disposé de maniere à pouvoir se visser à la machine pneumatique ; enfin, il a coupé l'une des bouteilles par le milieu, afin que la partie supérieure pût se dévisser, & qu'on pût y introduire un barometre d'épreuve. M. Bucquet a appellé bouteille des mélanges, celle destinée à recevoir les substances qu'il devoit combiner ensemble pour produire de l'air ; il a appellé bouteille de réception, celle destinée à recevoir les substances qu'il se proposoit d'exposer à l'émanation de l'air dégagé.

Il a résulté des expériences faites avec cet appareil, que l'air dégagé de tous les acides sans exception, combiné soit avec la craie, soit avec les alkalis, étoit absolument le même ; il a seulement observé que celui tiré de l'alkali volatil conservoit une odeur de viande pourrie : il a trouvé de même une identité très-parfaite entre

l'air qui fe dégage des matieres en fermentation,
& celui qui fe dégage de celles en effervefcence.
Cet air a une odeur pénétrante que M. Bucquet
appelle odeur gafeufe : il a la propriété de précipiter la chaux diffoute par l'eau, de la changer en terre calcaire, & de lui rendre la propriété de faire effervefcence avec les acides : il
produit fur les alkalis cauftiques des effets à-peu-
près femblables ; il leur rend la propriété de faire
effervefcence, & celle de criftallifer.

L'air fixe, dans tous ces cas, ne contient rien
des fubftances falines dont il a été tiré : du firop
de violette expofé pendant plus de douze heures
à fon action dans l'appareil qu'on vient de décrire, n'en a été aucunement altéré.

M. Bucquet a foumis ce même air aux expériences connues, pour en déterminer le poids &
la compreffibilité ; fes réfultats n'ont pas différé
fenfiblement de ceux qu'on obtient en employant
l'air ordinaire.

M. Bucquet examine enfuite l'air produit par
la diffolution des fubftances métalliques, & il le
trouve fort différent de celui qui fe dégage, foit
par l'effervefcence, foit par la fermentation : cet
air n'eft point fufceptible de fe combiner avec
l'eau ; il réfufe également de fe combiner, foit

avec la chaux, foit avec les alkalis cauftiques: quelque long-temps qu'on les expofe à fon action, ils ne recouvrent pas la propriété de faire effer-vefcence avec les acides.

L'air fixé dégagé d'une effervefcence, combiné enfuite avec le vin, ne le change point en vinaigre; il lui communique feulement un goût acerbe, qui pourroit être cependant le premier degré de la fermentation acéteufe.

M. Bucquet examine enfuite fi l'air produit, foit par les effervefcences, foit par les fermentations, eft inflammable comme celui tiré de la diffolution du zinc & du fer, par l'acide vitriolique, ou par l'acide marin, comme l'avoit avancé M. Hales; mais il n'a pu parvenir à l'enflammer.

De ces expériences, M. Bucquet conclud que l'air tiré, foit des effervefcences, foit des fermentations, foit des diffolutions métalliques, n'eft pas précifément le même que celui de l'atmofphère, quoique égal en pefanteur & en élafticité: que celui tiré des effervefcences & des fermentations, differe de l'air atmofphérique & de l'air des diffolutions métalliques, en ce qu'il a une aptitude très-grande à fe combiner avec la chaux, avec les alkalis, & même avec l'eau.

Enfin, que l'air des diffolutions métalliques a le caractere diftinctif de pouvoir s'enflammer.

Quoique ces expériences aient beaucoup de rapport avec celles publiées avant M. Bucquet, & fur-tout avec celles de M. Prieftley, elles n'en font pas moins précieufes pour la Phyfique. On ne fçauroit trop multiplier les expériences fur une matiere auffi épineufe, & qui laiffe encore de l'obfcurité. C'eft d'ailleurs beaucoup, que de fçavoir qu'on peut arriver aux mêmes réfultats par des procédés différens.

CHAPITRE XIX.

Appendix sur l'air fixe, par M. Baumé, Maître Apothicaire de Paris, de l'Académie Royale des Sciences. *

QUELQUES Physiciens croyent trouver à l'air fixe des propriétés qui doivent faire rejetter le phlogistique pour lui substituer l'air fixe (1). L'air fixe doit, suivant ces mêmes Physiciens, occasionner dans la Chymie une révolution totale, & changer l'ordre des connoissances acquises. Mais les expériences publiées jusqu'à présent m'ont paru présenter des phénomènes sur la cause desquelles il me paroît qu'on a pris le change, comme il sera facile d'en juger par les réflexions suivantes.

Nous avons établi dans plusieurs endroits de

---

* *Nota.* La crainte qu'on ne m'accusât d'avoir apporté un esprit de partialité dans l'exposé que j'ai fait de ce qui a été écrit jusqu'à ce jour sur l'air fixe, m'a engagé à transcrire ici cet Appendix, tel qu'il se trouve à la fin du troisiéme Volume de la Chymie de M. Baumé, p. 693.

(1) On ignore quels sont ces Physiciens.

cet

&et Ouvrage, & d'après les plus célèbres Phyficiens; que l'air eft un élément qui entre dans
la compofition de beaucoup de corps. Hales,
dans fa Statique des Végétaux & dans celle des
Animaux, a démontré cette vérité par un grand
nombre d'expériences bien faites : il a apprécié
le poids & le volume de l'air contenu dans différens corps, & il a nommé *air fixe* (1) celui
qui entre dans leur compofition ; celui enfin qui
eft devenu un de leurs principes conftituans;
& qui a perdu fon élafticité, & toutes les propriétés de l'air pur & agrégé ; & il a donné à l'air
dégagé des corps le nom d'*air élaftique*.

L'air, comme nous l'avons dit en fon lieu, eft
identique : il n'y a qu'une feule efpèce d'air :
cet élément peut entrer & entre en effet dans une
infinité de combinaifons ; mais lorfqu'on le dégage des corps dans lefquels il étoit combiné, il
recouvre toutes fes propriétés ; & lorfqu'il eft
purifié convenablement, il n'eft point différent
de celui que nous refpirons.

Ce que plufieurs Chymiftes nomment aujour-
d'hui *air fixe*, paroît être celui qu'on a dégagé
des corps par différens moyens : mais on devroit

------

(1) Statique des Végétaux, p. 143. lig. 26.

plutôt le nommer *air dégagé* ou *air élastique*, comme l'a dit M. Hales. En effet, l'air ainsi séparé des corps, n'est pas plus fixe que celui que nous respirons, puisqu'il recouvre toutes ses propriétés élastiques, comme ce Physicien l'a démontré.

L'air, comme nous le disons en plusieurs endroits de cet Ouvrage, dissout non-seulement l'eau, & s'en sature ; mais il dissout encore les matieres huileuses, &c. &c.

Lorsqu'on dégage l'air d'un corps en soumettant ce même corps à la distillation dans un appareil tel que M. Hales l'a indiqué, les Physiciens actuels le nomment *air fixe*. Cet air, en se dégageant des corps, charrie avec lui différentes substances qu'il tient réellement en dissolution, & on attribue à cet air des propriétés qui n'appartiennent pas à l'air, mais seulement aux substances étrangeres dont il est chargé. Il paroît qu'on n'a pas fait cette distinction, qui cependant devoit se présenter naturellement.

Lorsque l'on combine un acide avec une terre calcaire, ou avec un sel alkali, ou avec une substance métallique, il s'en dégage, comme nous le faisons remarquer, une quantité considérable d'air & de feu presque pur, qui ne peuvent point faire partie du sel neutre qui résulte de cette union. Si l'on recueille par un appareil convenable, l'air qui se dégage pendant que se fait cette combinaison, l'air ainsi dégagé est encore nommé *air fixe*. On trouve à cet air des propriétés différentes de l'air de l'atmosphère, & on en conclud que l'air fixe n'est pas le même dans tous les corps ; mais les propriétés différentes qu'on lui trouve, doivent être attribuées, comme nous venons de le dire, aux substances étrangeres dont il est chargé.

L'air qui se dégage des corps pendant la fermentation spiritueuse, pendant la fermentation acéteuse, ou enfin pendant la putréfaction, est encore nommé *air fixe* ; & ces airs fixes different entr'eux, comme les corps qui les ont produits. Ces seules observations indiquoient assez que ces diverses propriétés devoient être attribuées aux substances dont l'air est chargé, & non à l'air lui-même qui est un élément qui ne peut subir aucune altération. Mais au lieu de faire ces réflexions, il paroît qu'on est disposé à établir autant d'espèces d'air, qu'il y a de corps qui peuvent en fournir ; ce qui ne serviroit qu'à répandre de l'obscurité sur la théorie de la Chymie. Quelques personnes ont déjà voulu admettre de l'air fixe inflammable ; de l'air fixe qui réduit en chaux les métaux, & qui eſt la cauſe de l'augmentation de leur poids ; de l'air fixe anti-putride qui rétablit la viande putréfiée, &c. &c.

Il n'y a point de doute que lorſqu'une ſubſtance huileuſe très-rectifiée eſt diſſoute par de l'air, & qu'elle eſt raſſemblée dans un eſpace convenable, elle ne s'enflamme, comme le dit M. Hales dans pluſieurs endroits de ſa Statique des Végétaux, & particulierement page 153 ; à l'analyſe des pois, des écailles d'huîtres, de l'ambre & de la cire, quoiqu'il ait lavé onze fois de ſuite l'air dégagé de ces ſubſtances. Les matieres huileuſes, ainſi diſſoutes par l'air, ou réduites dans l'état de vapeurs, s'enflamment preſque toujours avec exploſion à l'approche d'une lumiere : mais ce n'eſt point l'air qui s'enflamme ; cet élément eſt incombuſtible.

Les Chymiſtes ont reconnu que les métaux qui ſe réduiſent en chaux, ne doivent cet état qu'à la portion de phlogiſtique qu'ils ont perdue, & qu'en leur reſtituant ce principe inflammable, on les fait reparoître de nouveau ſous le brillant métallique, tels qu'ils étoient avant la calcination ; mais quelques Phyſiciens, partiſans de l'air fixe, diſent au contraire que c'eſt à l'air qui s'eft fixé dans le métal, pendant fa réduction en chaux, qu'on doit attribuer ce nouvel état, & la caufe de l'augmentation de fon poids. Ces mêmes Phyficiens prétendent encore qu'en fupprimant à ces chaux métalliques l'air fixe dont elles font chargées, elles fe réduifent en métal, fans aucune addition, même fans feu ; mais il paroît qu'on a encore pris le change fur cette réduction, & qu'on emploie dans ces opérations des vapeurs phlogiftiques, fans s'en appercevoir.

Nous avons dit à l'article du foie de foufre précipité par un acide, que les vapeurs qui s'en élevent ne font point inflammables, mais qu'elles reffufcitent fans feu, fous le brillant métallique, les chaux des métaux. Ce n'eft point l'air qui produit cet effet, mais feulement le principe phlogiftique dont ce même air eft chargé.

A l'égard de l'air fixe anti-putride, il eft très-probable qu'il y a beaucoup de fubftances ayant des propriétés anti-putrides, que l'air peut diffoudre, & qui font même rétrograder la putréfaction, comme font le quinquina & d'autres matieres aftringentes qui ont de même des propriétés anti-feptiques lorfqu'elles font appliquées immédiatement fur les chairs putréfiées.

Il réfulte de ces réflexions : 1°. Que ce que

l'on nomme *air fixe*, eft improprement ainfi nommé ; le nom d'*air dégagé* ou d'*air élaftique*, comme M. Hales l'a dit, lui convient mieux.

2°. Que l'air fixe, fous cette dénomination qu'on lui a donnée, eft de l'air ordinaire, mais chargé de fubftances étrangeres qu'il tient en diffolution : air qu'on peut fouvent purifier & ramener à l'état d'air pur, femblable à celui de l'atmofphère, en faifant paffer cet air fixe au travers de différentes liqueurs propres à filtrer l'air, & à retenir les fubftances étrangeres qui alterent fa pureté.

3°. L'air fixe, fuivant cette théorie, ne doit plus être examiné fous le point de vue fous lequel on l'a confidéré jufqu'à préfent, mais feulement relativement aux fubftances que l'air peut diffoudre, ou dont il peut fe charger.

4°. Il y a une très-belle fuite d'expériences à faire pour connoître quelles font les fubftances qui peuvent fe diffoudre dans l'air, & quelles peuvent être les propriétés de ces mêmes fubftances réduites dans cet état : ces expériences faites fous ce point de vue, conduiroient à des connoiffances plus certaines & plus claires que celles qu'on nous a données jufqu'à préfent.

5°. Il en eft de l'air comme de l'eau ; ce font

deux élémens qui ont la propriété de diffoudre beaucoup de fubftances & de s'en faturer : l'un & l'autre de ces élémens acquierent de nouvelles propriétés qui n'appartiennent ni à l'eau ni à l'air, mais feulement aux fubftances dont ils font chargés. Comme il y a certaines fubftances que l'eau peut diffoudre & qu'on ne peut plus lui enlever, il doit en être de même de l'air : ce dernier élément peut fe charger de fubftances auffi volatiles, auffi dilatables que lui, & qu'on ne pourra peut-être jamais féparer par diftillation, filtration ou autre moyen ; mais il n'en réfultera pas moins, que les nouvelles propriétés qu'on trouvera à cet air, feront toujours dûes aux fubftances étrangeres, & non à l'air lui-même.

Nota. Ces dix-neuf Chapitres renferment ce que j'ai pu me procurer de plus intéreffant fur l'air fixe, j'aurois pu y ajouter l'Extrait d'une Thèfe très-bien faite en faveur de la doctrine de M. Black, foutenue à Edimbourg le 12 Septembre 1772, par M. Rutherford ; mais, comme cette Thèfe ne contient qu'un fommaire de ce qui a été écrit fur cette matiere par Meffieurs Black, Cavendish & Lane, j'ai crains de me jetter dans des répétitions inutiles.

Je fçais encore qu'il paroît depuis peu un Recueil

de Diſſertations chymiques de M. Wiegel, Docteur en Médecine à Greiſwald, *dans l'une deſquelles il traite de l'air fixe & de l'acidum pingue; mais il ne m'a pas encore été poſſible de me procurer cet Ouvrage.*

Fin de la premiere Partie.

NOUVELLES

RECHERCHES

SUR

L'EXISTENCE D'UN FLUIDE ÉLASTIQUE fixé dans quelques substances, & sur les phénomènes qui résultent de son dégagement ou de sa fixation.

SECONDE PARTIE.

NOUVELLES
RECHERCHES

Sur l'existence d'un fluide élastique fixé dans quelques substances, & sur les phénomènes qui résultent de son dégagement ou de sa fixation.

CHAPITRE PREMIER.

De l'existence d'un fluide élastique fixé dans les terres calcaires, & des phénomènes qui résultent de son absence dans la chaux.

Après avoir exposé dans la première Partie de cet Ouvrage, l'opinion de M. Black, de M. Meyer & de M. de Smeth, sur les causes de la causticité de la chaux-vive & des alkalis, j'ai pensé qu'avant de passer plus avant, je ne pouvois me dispenser de reprendre tout l'édifice en sous-ordre, de répéter les principales expériences de M. Black, de M. Meyer, de M. Jacquin, de M. Crans & de M. de Smeth; d'y en ajouter même de nouvelles; enfin, de m'attacher à fixer, s'il étoit possible, les idées des Physiciens sur la valeur de ces différens systêmes.

Tel est l'objet que me suis proposé de remplir dans les trois premiers Chapitres de cette seconde Partie : comme les Expériences que j'y rapporte sont toutes exactement liées les unes aux autres, j'ai besoin d'une attention suivie de la part du Lecteur.

EXPÉRIENCE PREMIERE.

Dissolution de la craie par l'acide nîtreux.

PRÉPARATION DE L'EXPÉRIENCE.

J'ai mis dans un petit matras à col long & étroit six onces d'acide nîtreux, dont le poids étoit à celui de l'eau, comme 129895 est à 100000. J'ai jetté peu-à-peu par le col du matras, de la craie en poudre séchée à un dégré de feu long-temps continué, & à-peu-près égal à celui du mercure bouillant.

EFFET.

La diffolution s'eft faite avec une vive effervefcence, mais prefque fans chaleur. J'avois foin de tenir le matras bouché, autant qu'il étoit poffible ; je le débouchois de moment en moment, pour donner iffue aux vapeurs élaftiques qui fe dégageoient avec impétuofité : l'objet de ces précautions étoit d'avoir le moins d'évaporation qu'il étoit poffible. J'ai employé, pour parvenir au point de faturation, 2 onces 3 gros 36 grains de craie : le total du poids des matieres employées dans la diffolution étoit donc de 8 onces 3 gros 36 grains ; cependant, ayant pefé de nouveau après la combinaifon, le poids ne s'eft plus trouvé que de 7 onces 3 gros 36 grains, ce qui formoit une perte de poids d'une once jufte.

Cette perte de poids ne pouvoit être attribué qu'au fluide élaftique qui s'étoit dégagé, & aux vapeurs aqueufes ou autres qu'il avoit entraîné avec lui ; il falloit donc trouver un moyen de les retenir & de les examiner. C'eft ce que je me fuis propofé dans l'Expérience qui fuit.

EXPÉRIENCE II.

Mesurer la quantité de fluide élastique qui se dégage de la craie pendant sa dissolution dans l'acide nitreux.

DESCRIPTION DE L'APPAREIL.

A B, fig. premiere, est une platine de cuivre jaune ou laiton de 10 pouces de diametre: à son centre en C, s'éleve une tige C D, laquelle porte une seconde platine E F ronde comme la premiere, & de 5 pouces $\frac{1}{2}$ de diametre; sur cette seconde platine s'éleve en G une petite tige G H, laquelle porte un chassis représenté séparément dans la fig. 2. Ce chassis est destiné à supporter une phiole de verre I en forme de poire; elle doit avoir un gouleau en t, pour éviter que le fluide qu'elle est destinée à verser, ne coule le long des parois extérieurs: à défaut de gouleau, on peut en faire un avec de la cire. La phiole I, au lieu d'être suspendue par deux pivots, doit être plutôt soutenue par deux calottes hémisphériques à vis, de maniere qu'on puisse les écarter ou les rapprocher, suivant que la phiole dont on veut se servir est plus ou moins grosse. La partie inférieure K de cette phiole

doit être leftée avec du plomb , afin qu'elle fe
tienne droite d'elle-même : elle doit avoir auffi à
cette même partie un bouton K , auquel s'attache
une ficelle ; cette derniere doit paffer par-deffus
le chaffis , & s'introduire par le trou M de la platine inférieure , lequel eft garni d'une petite
poulie : cette ficelle fert à faire faire la bafcule
à la bouteille I, quand on le juge à propos. Tout
cet appareil eft recouvert d'un grand bocal
N N O O , de 6 pouces de diametre, & de deux
pieds & demi à trois pieds de hauteur ; enfin , le
tout doit être placé dans un feau de fayance
V V S S d'un pied de diametre dans fon fond ,
& à-peu-près de même hauteur : on l'a rendu
tranfparent dans la figure pour mieux faire fentir tous les détails de l'appareil.

Lorfqu'on veut fe fervir de cette machine ,
on met dans la phiole I une certaine quantité
d'acide, ou d'une autre liqueur quelconque ; on
met dans le bocal Q de la craie , de l'alkali , ou
une autre fubftance quelconque , dont on veut
faire la diffolution ; on emplit d'eau le feau
V V S S ; on éleve enfuite l'eau en fuçant par
un trou R pratiqué au haut du bocal , & on la
fait monter jufques en Y Y , plus ou moins , fuivant la nature des expériences qu'on fe propofe

de faire ; enfin avec l'entonnoir repréſenté dans la figure 3 , on introduit de l'huile ſous le récipient ; cette huile plus légere que l'eau , monte à ſa ſurface en Y Y , & par ſon interpoſition , empêche que le fluide élaſtique dégagé des combinaiſons ne ſoit abſorbé par l'eau. Lorſque tout eſt ainſi préparé , on tire la ficelle *r*, laquelle paſſe ſur les trois poulies de renvoi *p* M *n*, & on fait faire la baſcule à la phiole I.

On peut joindre à cet appareil une pompe , & cette précaution même eſt indiſpenſable , toutes les fois qu'on employe des matieres dont les vapeurs peuvent être nuiſibles , & qui ne permettroient pas de ſucer l'air ſans s'incommoder. On voit cette pompe adaptée à l'appareil de la fig. premiere. P P repréſente le corps de pompe ; Z l'anneau qui ſert à élever le piſton. A chaque coup , l'air eſt aſpiré par le tuyau X L, dont l'extrémité X doit s'élever juſqu'à quelques lignes du deſſous de la platine ; il eſt enſuite refoulé & chaſſé du corps de pompe par le tuyau T. Comme l'extrémité inférieure L du tuyau XL, ainſi que l'extrémité *ſ* du tuyau qui ſoutient la pompe eſt deſtinée à tremper dans l'eau, les vis en cet endroit doivent être garnies de cuirs

bien

bien graiſſés : on verra dans la ſuite d'autres uſages de cette même pompe.

PRÉPARATION DE L'EXPÉRIENCE.

J'ai mis dans la phiole I, fig. premiere, une once & demie du même acide nîtreux employé dans l'Expérience premiere ; j'ai mis dans le bocal Q, 4 gros 63 grains de la même craie deſſéchée au dégré du mercure bouillant. J'ai élevé l'eau juſques en Y Y, comme il eſt dit ci-deſſus, & j'ai introduit une couche d'huile ſur la ſurface de l'eau ; enfin j'ai fait la combinaiſon par le moyen de la baſcule, en obſervant d'aller lentement pour éviter que la liqueur ne paſſât par-deſſus les bords du boçal, par la vivacité de l'efferveſ-cence.

EFFET.

L'eau a baiſſé tout-à-coup dans le bocal N N O O, & elle s'eſt arrêtée à 7 pouces $\frac{1}{2}$ au-deſſous de la ſurface Y Y. Le bocal en cet endroit avoit 70 lignes $\frac{85}{100}$; d'où il ſuit que la quantité de fluide élaſtique dégagé étoit de 206 pouces cubiques ; mais au bout d'un quart d'heure, le peu de chaleur produit pendant la combinaiſon s'étant diſſipé, cette quantité de fluide élaſtique s'eſt réduite à 200 pouces ; après quoi il n'y a

plus eu de variation senſible , même pendant
pluſieurs jours ; le thermomètre , pendant cet intervalle de temps , s'eſt maintenu entre 16 &
17 dégrés , & le baromètre aux environs de 28
pouces.

RÉFLEXIONS.

Les quantités d'acide nîtreux & de craie employées dans cette ſeconde Expérience , ne ſont
que le quart de celles employées dans la premiere ; d'où il ſuit que ſi on eût employé ſix
onces d'acide nîtreux , & 2 onces 3 gros 36
grains de craie comme dans la premiere Expérience , on auroit eu un dégagement d'air de
800 pouces cubiques : mais la perte de poids
dans la premiere Expérience a été d'une once
juſte ; donc 800 pouces cubiques de fluide élaſtique , tel qu'il ſe dégage de la craie , & chargé
ſans doute d'une aſſez grande quantité de vapeurs
aqueuſes qu'il entraîne avec lui , peſent une once
juſte à une temperature de 16 à 17 dégrés du
thermomètre ; donc le pied cube ou 1728 pouces cubes de ce fluide peſent 2 onces 1 gros 20
grains ; mais le pied cube d'air commun à cette
même température ne peſe , ſuivant les obſervations de M. de Luc , que 1 once 2 gros 66 grains ;

d'où l'on peut déjà conclure, de deux chofes
l'une, ou que le fluide élaftique qui fe dégage de
la craie par l'effervefcence, pefe environ un tiers
de plus que l'air de l'atmofphère, ou ce qui eft
beaucoup plus probable, qu'aidé par le tumulte
de l'effervefcence, il entraine avec lui une quantité affez confidérable de vapeurs aqueufes ou
autres qui contribuent à augmenter la perte du
poids obfervée dans la premiere Expérience, &
qui font paroître ce fluide élaftique plus pefant
qu'il ne l'eft en effet.

EXPÉRIENCE III.

*Déterminer la quantité d'eau néceffaire pour faturer
une quantité donnée de chaux vive.*

PRÉPARATION DE L'EXPÉRIENCE.

J'ai mis dans un chaudron de fer 28 onces
6 gros de chaux vive, & j'ai verfé deffus peu-à-
peu affez d'eau pour la réduire en une pulpe
médiocrement épaiffe. Lorfque les phénomènes
de l'extinction ont été paffés, j'ai placé le chaudron fur un feu doux, pour enlever l'humidité
furabondante. J'avois foin d'agiter fréquemment
la matiere avec une fpatule de fer, pour l'empêcher de prendre corps & de fe raffembler en

groffes maffes ; fur la fin , j'ai donné un feu plus fort , & égal à-peu-près au dégré du mercure bouillant ; & je l'ai foutenu ainfi pendant plufieurs heures : enfin , lorfque la matiere m'a paru parfaitement feche , je l'ai retirée du feu , & l'ayant mife toute chaude fur une balance, elle s'eft trouvé pefer 37 onces juftes. J'ai enfuite mis promptement en poudre toute cette chaux dans un mortier que j'entretenois toujours chaud ; je l'ai paffée au tamis de foie, & je l'ai renfermée dans une bouteille de verre bien bouchée pour me fervir au befoin.

RÉFLEXIONS.

Il fuit de cette Expérience , que le rapport du poids de la chaux vive à celui de la chaux éteinte eft comme 1000 à 1287 ; c'eft-à-dire, que 1000 parties de chaux vive peuvent abforber $\frac{287}{1000}$ d'eau , autrement dit, que cette fubftance peut abforber 4 onces 4 gros 53 grains d'eau par livre.

On pourroit peut-être penfer que la chaux n'abforbe pas feulement de l'eau pendant fon extinction ; que l'air lui-même ou quelque fubftance répandue dans l'air , fe combine avec elle pendant cette opération , & contribue à l'augmentation de poids qu'on obferve : l'Expérience qui fuit détruira ces conjectures, & fera voir que l'air extérieur n'entre pour rien dans les phénomènes de l'extinction.

EXPÉRIENCE IV.

Extinction de la chaux vive dans le vuide de la machine pneumatique.

PRÉPARATION DE L'EXPÉRIENCE.

J'ai mis dans une capfule de verre une once & demie de chaux vive en morceaux médiocrement gros ; j'ai verfé deffus fuffifante quantité d'eau ; après quoi, j'ai placé la capfule fous le récipient de la machine pneumatique, & j'ai fait le vuide le plus promptement qu'il m'a été poffible.

EFFET.

Les phénomènes de l'extinction n'ont différé en rien de ceux qu'on obferve à l'air libre : il y a eu au bout de quelques minutes, gonflement, bouillonnement & chaleur ; la chaux s'eft réduite en une pulpe blanche qui, deffechée, s'eft trouvée avoir reçu une augmentation de poids

N iij

à-peu-près proportionnelle à celle obfervée dans l'Expérience précédente (1).

EXPÉRIENCE V.

Diffolution de la chaux dans l'acide nîtreux.

PRÉPARATION DE L'EXPÉRIENCE.

J'ai mis dans un petit matras à col long & étroit 6 onces d'acide nîtreux femblable à celui des Expériences précédentes ; j'ai introduit peu-à-peu dans le même matras , de la chaux éteinte faturée d'eau & defféchée, comme on l'a vu dans l'Expérience III.

EFFET.

Les premieres portions fe font diffoutes prefque fans mouvement ; l'effervefcence eft devenue enfuite de plus en plus fenfible , à mefure que l'acide fe faturoit ; mais cette effervefcence, en même temps, étoit différente de celle qu'on obferve dans la diffolution de la craie ; les bulles étoient

---

(1) Je ne nie pas que la chaux ne puiffe abforber un peu de fluide élaftique pendant fon extinction & pendant fa deffication ; mais cette quantité eft peu confidérable & prefque nulle en proportion de la quantité d'eau qu'elle abforbe.

fréquentes, mais petites, & le gonflement peu considérable ; la chaleur, au contraire, étoit très-forte, & telle même qu'il y a apparence que les phénomènes de l'ébullition se joignent à ceux de l'effervescence. La quantité de chaux nécessaire pour la saturation a été d'une once 5 gros 36 grains, le poids de ces mêmes matieres, après la combinaison, s'est trouvée de 7 onces 4 gros 70 grains. La perte de poids n'étoit donc que de 38 grains seulement.

Il étoit important de comparer, comme dans les Expériences I & II, la perte de poids observée pendant l'effervescence à la quantité de fluide élastique dégagée : pour y parvenir, j'ai eu recours à l'appareil de l'Expérience I, ainsi qu'il suit.

EXPÉRIENCE VI.

Déterminer la quantité de fluide élastique qui se dégage de la chaux pendant sa dissolution dans l'acide nîtreux.

PRÉPARATION DE L'EXPÉRIENCE.

J'ai mis dans la phiole I, fig. premiere, 1 once & demie d'acide nîtreux, le même que dans les Expériences précédentes ; j'ai mis dans le bocal Q.

3 gros 27 grains de chaux éteinte & féchée.
(On vient de voir dans l'Expérience précédente
que cette proportion étoit celle néceffaire à la
faturation.) Du refte, tout a été difpofé comme
dans l'Expérience I I.

EFFET.

La combinaifon s'eft faite comme dans l'Expérience précédente , avec un petit mouvement
d'effervefcence ou d'ébullition. Dans le premier
moment, l'eau eft defcendue fubitement de 3 ou
4 pouces dans le bocal N N O O ; mais, en quelques fecondes, elle a repris fon niveau, & s'eft arrêtée environ à un pouce au-deffous de la premiere
marque. Le bocal étoit tiéde , & comme la maffe
d'air qu'il contenoit étoit fort confidérable, il étoit
tout naturel qu'il en réfultât une dilatation très-
fenfible ; auffi à mefure que cet air a repris le degré
du laboratoire, l'eau a remonté, & le dégagement
d'air s'eft trouvé réduit à une tranche cylindrique
de 4 lignes de hauteur , fur 70 lignes $\frac{42}{100}$ de diametre, c'eft-à-dire, de 9 pouces cubes. Si l'on eût
opéré dans cette Expérience fur des quantités
égales à celles de l'Expérience V, on auroit eu,
fans doute, un dégagement de fluide élaftique
quatre fois plus grand, c'eft-à-dire, de 36 pou-

ces cubes : mais en fuppofant, comme on peut le faire ici fans erreur fenfible, que ce fluide fût exactement équipondérable à l'air, ces 36 pouces cubes devoient pefer 16 grains $\frac{1}{3}$, à la tempé-rature du laboratoire. La perte totale du poids, dans l'Expérience V, n'a été que de 38 grains ; d'où il fuit que malgré la grande chaleur éprou-vée pendant la diffolution, la perte de poids cau-fée par l'évaporation n'a été que de 21 grains $\frac{2}{3}$.

CONSÉQUENCES GÉNÉRALES DES SIX EXPÉRIENCES PRÉCÉDENTES.

Il eft d'abord évident, d'après l'Expérience III, que la quantité d'une once 5 gros 36 grains de chaux éteinte, employée dans l'Expérience V, & néceffaire pour faturer 6 onces d'acide nîtreux, contenoit 3 gros 0 grains $\frac{3}{4}$ d'eau. 2°. d'après l'Expérience VI, que cette même quantité de chaux éteinte, contenoit 16 grains $\frac{1}{2}$ de fluide élaftique ; elle ne contenoit donc réellement que 1 once 2 gros 18 grains $\frac{3}{4}$ de terre alkaline : mais par l'Expérience I, il a fallu 2 onces 3 gros 36 grains de craie pour faturer une pareille quan-tité, c'eft à dire, 6 onces d'acide nîtreux ; d'où il femble qu'on peut conclure que 2 onces 3 gros 36 grains de craie ne contiennent également que

1 once 2 gros 18 grains $\frac{3}{4}$ de terre alkaline ; qu'elles contiennent en outre 3 gros 0 grains $\frac{3}{4}$ d'eau, & 6 gros 16 grains $\frac{1}{2}$ de fluide élastique : ces 6 gros 16 grains $\frac{1}{2}$, d'après l'Expérience V, équivalent à 800 pouces cubes; d'où il suivroit que le fluide élastique contenu dans la craie pese $\frac{561}{1000}$ de grain le pouce cube à la température de 16 à 17 degrés du thermomètre de M. de Réaumur, c'est-à-dire, un peu plus de demi-grain ; tandis que le pouce cube d'air commun, à pareille température, ne pese, suivant les résultats de M. de Luc, que $\frac{455}{1000}$ de grain, c'est-à-dire, un peu moins de demi-grain. Cette différence vient ou de ce que le fluide élastique dégagé de la craie est réellement un peu plus lourd que celui de l'atmosphère, ou de ce qu'il est chargé de vapeurs au sortir de la craie, ou enfin de ce que la craie contient plus d'eau que la chaux éteinte.

Si 2 onces 3 gros 36 grains de craie sont réellement composés, comme on vient de le dire, de 1 once 2 gros 18 grains $\frac{3}{4}$ de terre alkaline, de 3 gros 0 grains $\frac{3}{4}$ d'eau, & de 6 gros 16 grains $\frac{1}{2}$ de fluide élastique ; il doit s'ensuivre par une conséquence nécessaire, que ces différentes substances combinées entre elles dans ces mêmes proportions doivent faire de la terre calcaire ou de la craie. Pour obtenir ce complement de preuves, j'ai fait l'Expérience fuivante.

EXPÉRIENCE VII.

Refaire de la terre calcaire ou de la craie, en rendant à la chaux l'eau & le fluide élaftique dont elle a été dépouillée par la calcination.

PRÉPARATION DE L'EXPÉRIENCE.

J'ai pefé 5 gros 22 grains de chaux vive. On fe rappelle que cette quantité eft précifément celle qui répond à 1 once 1 gros 54 grains de craie. J'ai jetté cette chaux dans huit pintes d'eau diftillée : la chaux a été bientôt divifée par l'eau, & elle a été diffoute en partie ; mais une portion affez confidérable eft demeurée dépofée au fond du vafe.

J'ai pris, d'un autre côté, une bouteille de verre A, fig. 4, tubulée en E (1); je l'ai emplie jufqu'en B C, fig. 5, c'eft-à-dire, environ jufqu'au tiers, de craie en poudre groffiere. J'y ai enfuite ajufté l'entonnoir G que j'ai bien lutté

---

(1) M. Rouelle s'eft fervi avant moi de ces bouteilles dans les Expériences qu'il a faites fur l'eau imprégnée d'air fixe, & qui ont été publiées dans le Journal de Médecine de M. Roux.

avec le col de la bouteille, de maniere que l'air
ne pût communiquer par la jointure. J'ai ajuſté
au bout d'un petit bâton O P, un bouchon
de liége P tellement proportionné , qu'il pût
boucher exactement l'entonnoir G. J'ai lutté à
la tubulure E un ſiphon de verre E H I dont j'ai
fait tomber l'extrémité I dans le fond d'un ſeau
de fayance , repréſenté ici plus en petit par un
bocal K L M N, & dans lequel étoit la chaux
en diſſolution dans l'eau. Enfin , j'ai rempli
d'acide vitriolique affoibli l'entonnoir G , & je
ſoulevois de temps en temps le bouchon P, pour
laiſſer introduire quelques portions d'acide vitriolique dans la bouteille A.

E F F E T.

L'air dégagé de l'efferveſcence occaſionnée
par la diſſolution de la craie dans l'acide vitriolique , a paſſé par le ſiphon de verre E H I , &
a bouillonné dans l'eau de chaux contenue dans
le vaiſſeau K L M N: en même temps l'eau de
chaux s'eſt troublée , & après avoir continué
pendant un temps fort conſidérable , je ſuis parvenu à précipiter toute la chaux & à rendre l'eau
ſurnageante abſolument douce: alors j'ai décanté ; j'ai fait ſécher la terre qui reſtoit au fond ,

à un dégré de chaleur égal à celui du mercure bouillant, après quoi elle s'eſt trouvée peſer 1 once 1 gros 36 grains. Son poids, ſuivant les déterminations précédentes auroit dû être d'une once 1 gros 54 grains. Cette différence de 18 grains qui ne peut pas être regardée comme fort conſidérable, vient ou de la perte inévitable qu'on éprouve dans toute expérience, ne ſeroit-ce que par la petite quantité de terre qui demeure attachée aux vaiſſeaux, ou peut-être encore de ce que la chaux dans cet expérience n'a pas été auſſi ſaturée de fluide élaſtique, qu'elle le pouvoit être.

Cette terre calcaire, au ſurplus, ne différoit en rien de la craie; elle donnoit par ſa diſſolution dans l'acide nîtreux, une quantité de fluide élaſtique à-peu-près égale à la craie; la perte de poids qu'elle éprouvoit pendant cette opération étoit auſſi la même; elle ne dégageoit plus à froid l'alkali volatil de ſel ammoniac; en un mot, on ne pouvoit par aucun moyen la diſtinguer de la véritable craie en poudre.

EXPÉRIENCE VIII.

Déterminer la pefanteur fpécifique de l'eau de chaux avant & après la précipitation.

PRÉPARATION DE L'EXPÉRIENCE.

J'ai pris de l'eau diftillée à la température de 17 dégrés du thermomètre de M. de Réaumur ; j'y ai plongé un pefe-liqueur d'argent repréfenté figure 6. Cet inftrument eft conftruit fur le même principe que celui décrit par Farenheit dans les Tranfactions Philofophiques ; c'eft-à-dire, que fa tige D E au lieu d'être graduée comme dans l'aréomètre de Boyle, n'a qu'une petite marque gravée en E à-peu-près vers fon milieu. Cette tige n'a que trois pouces de longueur : elle eft furmontée d'un baffin propre à recevoir des poids ; on charge l'inftrument jufqu'à ce qu'il enfonce jufqu'à la marque E dans le fluide, dont on peut déterminer la pefanteur fpécifique. Ce pefe-liqueur eft lefté dans fa partie inférieure, c'eft-à dire, en B C avec de l'étain. Son poids eft de 9 onces 0 gros 64 grains ; j'ai été obligé, pour le faire enfoncer jufqu'à la marque E, dans de l'eau diftillée à la température de 17 dégrés du thermomètre de M. de

Réaumur, de le charger de 20 grains $\frac{1}{2}$; d'où il fuit qu'il déplace un volume d'eau diftillée de 9 onces 1 gros 12 grains $\frac{1}{2}$.

Ayant retiré le pefe-liqueur de cette eau, j'y ai jetté beaucoup plus de chaux qu'elle ne pouvoit en diffoudre; je l'ai filtrée, & lorfqu'elle s'eft trouvée exactement au même degré de température que dans l'Expérience précédente, j'y ai plongé le pefe-liqueur; mais je n'ai pu le faire enfoncer jufques à la même marque qu'en le chargeant de 32 grains; d'où il fuit que le poids du volume d'eau de chaux déplacé par le pefe-liqueur eft de 9 onces 1 gros 24 grains; ce qui donne le rapport de la pefanteur fpécifique de l'eau diftillée à celle de l'eau de chaux, comme 1000000 eft à 1002135.

EXPÉRIENCE IX.

Déterminer la pefanteur fpécifique de l'eau de chaux dans laquelle on a fait bouillonner le fluide élaftique dégagé d'une effervefcence.

J'ai fait bouillonner, comme dans l'Expérience VI, le fluide élaftique dégagé de l'effervefcence de l'acide vitriolique & de la craie dans de l'eau de chaux faturée; lorfque la précipitation a été entierement achevée, j'ai laiffé repo-

fer la liqueur ; après quoi je l'ai décanté, & j'y
ai plongé le pese-liqueur : la pesanteur du fluide
déplacé s'est trouvée de 9 onces 1 gros 12
grains $\frac{3}{4}$, c'est-à-dire, sensiblement la même que
celle de l'eau distillée ; d'où il suit que l'addition
du fluide élastique avoit précipité toute la chaux,
& l'avoit rendue insoluble dans l'eau.

EXPÉRIENCE X.

*Imprégner d'air fixe, ou de fluide élastique, de l'eau
ou tel autre fluide qu'on jugera à propos.*

PRÉPARATION DE L'EXPÉRIENCE.

La figure 7 représente l'appareil dont je me
fers dans ces sortes d'expériences, il ne differe de
celui de la figure 5, qu'en ce que j'ai substitué une
bouteille I, tubulée en R, au feau ou bocal
KLMN. Je mets, comme dans l'Expérience
VII, de la craie en poudre grossiere dans la bouteille A, & j'y fais couler peu-à-peu de l'acide
vitriolique par l'entonnoir G.

EFFET.

A mesure que le fluide élastique se dégage par
l'effervescence, il est obligé d'enfiler le siphon
EHI, de passer dans la bouteille I, & de bouillonner

lonner à travers l'eau diftillée, ou telle autre
liqueur qu'elle renferme. Il faut que toutes les
jointures des vaiſſeaux ſoient exactement luttées
dans cette Expérience. La tubulure R doit être
auſſi bouchée avec un bon bouchon de liége ; on
parvient, par ce moyen, à entretenir dans la
bouteille I une atmoſphère de fluide élaſtique
beaucoup plus condenſé que l'air de l'atmoſphère,
& la liqueur ſe charge plus promptement & en
plus grande abondance que s'il n'y avoit pas de
compreſſion. Il eſt néceſſaire de déboucher de
temps en temps la tubule R, de peur que les vaiſſeaux ne crevent, ou que les vapeurs trop con-
denſées ne ſe faſſent jour à travers les jointures ;
il y a toujours, d'ailleurs, une portion aſſez conſidérable du fluide élaſtique dégagé des efferveſcences, qui n'eſt point ſuſceptible de ſe combiner avec l'eau, & auquel il eſt néceſſaire de donner de temps en temps une iſſue.

EXPÉRIENCE XI.

Comparer la peſanteur ſpécifique de l'eau imprégnée
de fluide élaſtique à celle de l'eau diſtillée.

J'ai pris de l'eau diſtillée très-chargée de fluide
élaſtique, par le procédé décrit dans la précé-

dente Expérience. Cette eau avoit un goût aigrelet extrêmement senfible, & plus confidérable, à ce qu'il m'a femblé que n'a celle faite par le procédé de M. Prieftley.

Y ayant plongé l'aréomètre d'argent, repréfenté figure 6, le fluide déplacé s'eft trouvé pefer 9 onces 1 gros 13 grains à la température de 19 degrés $\frac{1}{3}$; le même volume d'eau diftillée à pareille température ne s'eft trouvé pefer que 9 onces 1 gros 11 grains $\frac{1}{4}$. La différence eft de 1 grain $\frac{3}{4}$; d'où il fuit que la pefanteur fpécifique de l'eau imprégnée d'air fixe eft à celle de l'eau diftillée dans le rapport de 1000332 à 1000000.

La même eau, ayant été agitée & battue en la verfant cinq à fix fois d'un vafe dans un autre, a perdu fon goût aigrelet : foumife enfuite à l'épreuve du pefe-liqueur, le volume d'eau déplacé s'eft trouvé de 9 onces 1 gros 11 grains $\frac{1}{3}$, c'eft-à-dire, fenfiblement le même que celui de l'eau diftillée.

Il eft probable qu'en répétant cette Expérience pendant un temps froid, on parviendroit à charger l'eau d'une beaucoup plus grande quantité de fluide élaftique; mais je réferve cette Expérience pour une autre faifon.

EXPÉRIENCE XII.

Précipiter l'eau de chaux par une addition d'eau imprégnée de fluide élastique.

PRÉPARATION DE L'EXPÉRIENCE.

J'ai mis dans un bocal de la même eau de chaux dont la pesanteur spécifique a été déterminée ci-dessus, Expérience VIII. J'y ai mêlé peu-à-peu de l'eau qui avoit été imprégnée de fluide élastique par l'appareil représenté fig. 7.

EFFET.

L'eau de chaux s'est troublée sur le champ, & la terre s'est précipitée au fond du vase : j'ai continué d'ajouter ainsi de nouvelle eau imprégnée de fluide élastique, jusqu'à ce que je fusse assuré que la précipitation étoit complette ; alors j'ai laissé reposer la liqueur, & lorsqu'elle a été parfaitement éclaircie, j'y ai plongé le pese-liqueur, & j'ai reconnu que sa pesanteur spécifique n'excédoit presque pas celle de l'eau distillée ; la différence étoit environ de 0.0000 95, encore est-il probable que cette très-légere différence ne venoit que de ce que je n'avois pas employé précisément la proportion d'eau de chaux & d'eau imprégnée de fluide élastique, néceſſaire pour que la précipitation fût parfaite. On jugera aiſément, en effet, en comparant cette Expérience avec la ſuivante, que pour peu qu'on employe trop d'eau de chaux, ou trop d'eau imprégnée de fluide élaſtique, il reſte également dans les deux cas une portion de terre unie à l'eau: du reſte, la terre précipitée n'étoit plus dans l'état de chaux vive; elle faiſoit efferveſcence avec les acides, & ne dégageoit plus à froid l'alkali volatil du ſel ammoniac : c'étoit une véritable craie.

EXPÉRIENCE XIII.

Rediſſoudre par une nouvelle addition d'eau imprégnée de fluide élaſtique, la chaux après qu'elle a été précipitée.

La précipitation de l'eau de chaux par le moyen d'un mélange d'eau imprégnée de fluide élaſtique, préſente un phénomène ſingulier; c'eſt que ſi, après avoir précipité toute la chaux, comme on vient de le voir dans l'expérience précédente, on continue d'ajouter de nouvelle eau imprégnée de fluide élaſtique, toute la terre calcaire qui avoit été précipitée ſe rediſſout de

nouveau, & la liqueur devient parfaitement dia-
phane.

J'examinerai dans un Chapitre particulier, les effets de l'eau ainsi chargée d'une dissolution de terre calcaire combinée avec le fluide élastique.

CONCLUSION DE CE CHAPITRE.

En rapprochant les différentes Expériences dont je viens de rendre compte, il est difficile de se refuser aux conséquences qui suivent.

Premierement, qu'il existe dans les pierres & terres calcaires un fluide élastique, une espèce d'air sous forme fixe, & que cet air, lorsqu'il a repris son élasticité, jouit des principales propriétés physiques de l'air.

Secondement, que cent livres de craie dans les proportions ci-dessus, contiennent environ 31 livres 15 onces de ce fluide élastique, 15 livres 7 onces d'eau. & seulement 52 livres 10 onces de terre alkaline.

Troisiémement, qu'il seroit même possible que la craie contînt encore moins de terre alkaline, & plus de fluide élastique, mais que, jusques à présent, nous ne connoissons aucun moyen de l'en dépouiller au-delà, ni de porter plus loin son analyse.

Quatriémement, que la terre alkaline peut exister dans trois états différens, 1°. saturée de fluide élastique & d'eau, telle est la craie ; 2°. privée de fluide élastique & saturée d'eau, telle est la chaux éteinte ; 3°. privée d'eau & de fluide élastique, telle est la chaux vive.

Cinquiémement, que la chaux vive, (c'est-à-dire, la terre alkaline dépouillée d'eau & de fluide élastique,) contient une grande quantité de matiere du feu pure, qu'elle a acquis probablement pendant la calcination, & que c'est à cette matiere qu'est dûe la grande chaleur qu'on observe dans l'extinction de la chaux & dans sa dissolution dans les acides.

Sixiémement, qu'il ne suffit pas de saturer d'eau la chaux vive pour en chasser cette quantité surabondante de matiere du feu ; qu'il en reste encore après l'extinction, puisque la chaux éteinte communique une chaleur considérable à l'acide nîtreux dans lequel on la fait dissoudre ; phénomène qui ne produit point la terre calcaire ou la craie.

Septiémement, que ce n'est point cette surabondance de matiere du feu qui constitue la terre alkaline dans l'état de chaux, puisque dans l'état de chaux éteinte & privée par l'extinction d'une grande partie de cette matiere du feu, elle n'en est pas moins soluble dans l'eau, elle n'en décompose pas moins le sel ammoniac à froid, elle n'en communique pas moins la causticité aux alkalis fixes & volatils ; en en mot, elle n'est pas moins chaux qu'avant son extinction.

Huitiémement enfin, qu'il suffit de rendre à la chaux, par quelque moyen que ce soit, le fluide élastique qu'on en a chassé, pour la rendre douce, insoluble dans l'eau, susceptible de faire effervescence avec les acides ; en un mot, pour la rétablir dans l'état de terre calcaire ou de craie.

Nota. Je n'ai parlé dans ce Chapitre que d'une seule espèce de terre calcaire dans la crainte de jetter de la confusion dans les Expériences, & de faire perdre de vue l'objet principal. Toutes les terres calcaires pures que j'ai eu occasion d'examiner présentent les mêmes phénomènes que la craie : elles sont composées toutes de terre alkaline & d'eau, combinée avec un fluide élastique fixé ; mais elles different presque toutes par les proportions dans lesquelles ces trois substances entrent dans leur combinaison.

Quelques Expériences me portent même à croire que c'est en partie à la différence de ces proportions que tient la diversité de figures des Spaths. J'ai éprouvé, par exemple, qu'à poids égal l'espèce désignée par Valerius, sous le nom de *Spathum pellucidum flavescens,* contenoit moins de terre alkaline que la craie, & plus de fluide élastique. Le morceau, que j'ai soumis à mes Expériences, étoit tiré des carrieres de pierre à chaux situées entre Chaumont en Bassigny & Vignory. J'ai été obligé d'en employer 2 onces 6 gros 33 grains, pour saturer 6 onces du même acide nitreux dont j'ai parlé ci-dessus, tandis qu'il ne m'a fallu que 2 onces 3 gros 36 grains de craie pour produire le même effet. D'un autre côté, la perte de poids, après la combinaison, au lieu d'être d'une once juste, comme avec la craie, a été d'une once deux gros. La dissolution de ce Spath avoit un coup d'œil verdâtre, & il a laissé un petit dépôt blanc insoluble dans les acides.

Un Spath de Sainte Marie-aux-Mines, en cristaux blancs grouppés, espèce de Drusen, qui a beaucoup de rapport avec celui représenté dans la figure 7 de la Minéralogie de Valérius, m'a donné des résultats très-approchans de ceux de la craie. La quantité nécessaire pour saturer 6 onces d'acide nîtreux a été de 2 onces 3 gros, & la perte de poids, après la combinaison, d'une once o gros 3 grains. Ce Spath a laissé un dépôt jaunâtre insoluble dans les acides. Je me propose quelque jour de suivre plus loin ces Expériences.

CHAPITRE II.

De l'exiſtence d'un fluide élaſtique fixé dans les alkalis fixes & volatils, & des moyens de les en dépouiller.

APRÈS avoir prouvé qu'il exiſte dans les terres calcaires un fluide élaſtique ſous forme fixe ; que ce fluide conſtitue une partie conſidérable de leur poids ; que c'eſt principalement à ſon abſence que la chaux doit ſa cauſticité ; il me reſte à ſuivre la combinaiſon de ce fluide avec différentes ſubſtances de la nature, & notamment avec les ſubſtances alkalines & avec les métaux.

L'alkali fixe végétal, celui qui provient de la combuſtion des végétaux, & qu'on a coutume de déſigner ſous le nom de ſel de tartre, m'a paru peu propre à être employé dans les expériences dont je vais rendre compte ; 1°. Parce qu'il eſt difficile de le ramener toujours à un point de deſſication fixe & déterminé, & que la quantité d'eau plus ou moins grande qu'il conſerve peut devenir une ſource notable d'erreurs. 2°. Parce que ayant une action très-prompte ſur l'humidité contenue dans l'air, il change de poids presque à chaque instant. Des cristaux de soude purifiés, cristallisés & séchés sur du papier gris, m'ont paru préférables; bien entendu que j'avois soin de les tenir toujours dans des flacons bien bouchés pour les empêcher de s'effleurir. C'est, en conséquence, de cet alkali dont je me suis servi dans les Expériences qui suivent.

EXPÉRIENCE PREMIERE.

Dissolution des cristaux de soude dans l'acide nîtreux.

PRÉPARATION DE L'EXPÉRIENCE.

J'ai mis dans un matras à col long & étroit, 6 onces du même acide nîtreux, que j'avois employé Expérience I, Chapitre I. D'autre part, j'ai fait dissoudre, dans une quantité connue d'eau distillée, un poids également connu de cristaux de soude; j'ai saturé peu-à-peu avec cette liqueur alkaline, les 6 onces d'acide nîtreux, & j'ai été obligé, pour y parvenir, d'employer 10 onces 6 gros 63 grains d'eau, & 6 onces 2 gros 15 grains $\frac{3}{4}$ de cristaux de soude; encore y avoit-il un peu d'acide dominant : le total des matieres employées dans la combinaison pesoit 23 onces 1 gros 6 grains $\frac{3}{4}$.

EFFET.

L'effervefcence a été vive, mais fans aucune chaleur ; après quoi les mêmes matieres ne fe font plus trouvées pefer que 22 onces 0 gros 62 grains $\frac{1}{4}$. La perte étoit d'une once 0 gros 16 grains $\frac{1}{2}$.

EXPÉRIENCE II.

Mefurer la quantité de fluide élaftique qui fe dégage de la foude pendant fa diffolution dans l'acide nîtreux.

PRÉPARATION DE L'EXPÉRIENCE.

J'ai employé dans cette Expérience, la fixiéme partie des dofes employées dans la précédente. J'ai mis, en conféquence, dans la phiole I, fig. premiere, une once d'acide nîtreux. J'ai mis dans le bocal Q 1 once 26 grains $\frac{5}{8}$ de criftaux de foude, diffous dans 2 onces d'eau, j'ai recouvert le tout avec le grand récipient NNOO, & après avoir fait monter l'eau à une hauteur convenable, & l'avoir recouvert d'une couche d'huile, j'ai fait agir la bafcule.

EFFET.

L'effervefcence a été vive, & la quantité de

fluide élastique dégagé a été de 135 pouces cubes. Si donc j'eusse employé dans cette Expérience, des doses égales à celles de la précédente, j'aurois eu un dégagement de fluide élastique de 810 pouces cubes.

RÉFLEXIONS.

Le baromètre, pendant cette Expérience, étoit à 28 pouces 1 ligne $\frac{1}{2}$, & le thermomètre à l'esprit-de-vin de M. de Réaumur, à 15 dégrés $\frac{1}{4}$; d'où l'on peut conclure, d'après les déterminations de M. de Luc, que l'air de l'atmosphère pesoit dans ce moment environ $\frac{46}{100}$ de grains le pouce cube. Si donc le fluide élastique dégagé n'avoit été que de l'air pur, son poids n'auroit été que de 5 gros 12 grains $\frac{2}{3}$; cependant la perte de poids s'est trouvée d'une once 0 gros 16 grains $\frac{1}{2}$; d'où il résulte un excédent de 3 gros 3 grains $\frac{5}{6}$. Cette différence vient, comme on l'a indiqué plus haut à l'égard de la craie, ou de ce que le fluide dégagé par l'effervescence, est plus pesant que l'air de l'atmosphère, ou de ce qu'il enleve avec lui des vapeurs aqueuses.

On voit par cette Expérience, 1°. qu'il faut beaucoup plus de soude que de craie pour saturer une quantité donnée d'acide nitreux; ce qui

indique que ce fel contient beaucoup d'eau dans
fa criftallifation , & dans fa compofition. 2°.
Que fi d'un côté la foude, à poids égal, contient une beaucoup moindre quantité de fluide
élaftique que la craie ; d'un autre, elle en contient une quantité affez exactement proportionnelle à fa quantité de fubftance alkaline ; en effet
on fe rappelle qu'en faturant de craie 6 onces
d'acide nîtreux, on a obtenu 800 pouces cubes
de fluide élaftique, le dégagement de ce même
fluide a été de 810 avec la foude ; or ces deux
quantités peuvent être regardés comme fenfiblement les mêmes.

On pourroit peut-être, d'après cela, fuppofer
que 6 onces 2 gros 15 grains $\frac{3}{4}$ de foude contiennent une quantité de fubftance alkaline
égale en poids à celle contenue dans 2 onces
3 gros 36 grains de craie, & faire un calcul affez
probable fur la proportion d'eau, de fluide élaftique & de fubftance alkaline que contient la
foude ; mais j'avoue en même temps qu'il faudroit quelques Expériences de plus pour donner
à ce calcul un certain dégré d'évidence. Il réful-
teroit de ce calcul que 6 onces 2 gros 15
grains $\frac{3}{4}$ de foude, ne contiennent qu'une once
2 gros 18 grains $\frac{3}{4}$ de fubftance alkaline, une

once de fluide élaſtique, & 3 onces 7 gros 69
grains d'eau : quoi qu'il en ſoit, ce calcul ne
peut pas s'écarter beaucoup de la vérité. En
réduiſant ces mêmes quantités au quintal, il en
réſulteroit que 100 livres de ſoude, contiennent 63 livres 10 onces d'eau, 15 livres 15
onces de fluide élaſtique, & 20 livres 7 onces
de ſubſtance alkaline.

EXPÉRIENCE III.

*Diminution de peſanteur ſpécifique d'une ſolution de
criſtaux de ſoude par l'addition de la chaux.*

J'ai fait diſſoudre dans 14 onces d'eau diſtillée,
2 onces de ſoude en criſtaux. J'y ai plongé le
peſe-liqueur d'argent repréſenté dans la figure
6, lequel déplace, comme on a vu plus haut
9 onces 1 gros 12 grains $\frac{1}{2}$ d'eau diſtillée à
la température de 17 dégrés du thermomètre de
M. de Réaumur ; le poids d'un pareil volume
de la ſolution de ſoude s'eſt trouvé de 9 onces
4 gros 56 grains $\frac{1}{2}$, ce qui donne le rapport entre
la peſanteur ſpécifique de l'eau diſtillée, & celle
de la ſolution de ſoude, comme 1000000 eſt à
1049350.

J'ai mis dans cette ſolution une once de

chaux éteinte & defféchée, (Expérience III. chap. premier.) c'eft-à-dire, une terre alkaline faturée d'eau ; mais privée de fluide élaftique ; j'ai agité quelques inftans la liqueur pour donner à la chaux le temps d'exercer fon action fur la foude, après quoi je l'ai laiffée repofer : en peu de temps, la chaux a gagné le fond du vafe où même elle a pris corps ; & la liqueur furnageante s'eft trouvée claire & tranfparente. J'y ai plongé le pefe-liqueur ; mais le fluide déplacé, au lieu de pefer 9 onces 4 gros 56 grains $\frac{1}{2}$ comme ci-devant, ne s'eft plus trouvé pefer que 9 onces 4 gros 40 grains $\frac{1}{2}$; ce qui établit le rapport de la pefanteur fpécifique de la folution avec celle de l'eau diftillée, comme 1000000 à 1046313.

J'ai ajouté dans la même folution une nouvelle once de chaux ; j'ai agité comme la premiere fois, & j'ai laiffé repofer ; le poids du fluide déplacé par le pefe-liqueur, ne s'eft plus trouvé que de 9 onces 4 gros 21 grains, c'eft-à-dire, dans le rapport de 1000000 à 1042612.

Enfin, j'ai ajouté une troifiéme once de chaux ; elle a été plus long-temps à fe précipiter ; elle n'a point pris corps comme dans les Expériences précédentes ; la folution néanmoins avoit encore fenfiblement diminué de pefanteur spécifique; le volume déplacé par le pese-liqueur ne pesoit plus que 9 onces 4 gros 14 grains; ce qui donne le rapport de pesanteur spécifique avec l'eau distillée comme 1000000 à 1041093.

A chacune de ces additions de chaux, la solution alkaline faisoit sensiblement moins d'effervescence avec les acides; enfin après la troisiéme, il n'y avoit plus aucune effervescence; on voyoit seulement, en prêtant une grande attention, quelques bulles très fines qui s'élevoient à la surface de la liqueur, ou qui s'attachoient aux parois du vase où se faisoit la précipitation. Quelque quantité de chaux que j'aye ensuite ajoutée, je n'ai pu diminuer davantage la pesanteur spécifique de la solution, ni parvenir au point qu'il ne se dégageât plus aucune petite bulle, lorsqu'on la méloit avec les acides.

RÉFLEXIONS.

Cette Expérience donne la proportion de chaux éteinte, nécessaire pour amener la soude à l'état de causticité: on voit qu'elle est de trois parties de chaux contre deux de soude en cristaux; il y a même une quantité de chaux excédente à celle qui seroit indispensablement nécessaire: mais il vaut mieux, lorsqu'on désire obtenir une lessive

aussi

aussi caustique qu'il est possible, en employer plus que moins. Si, au lieu de chaux éteinte, on se servoit de chaux vive, il suffiroit d'employer parties égales; on a vu, en effet, par l'Expérience III, Chapitre I, que la chaux éteinte contenoit un peu plus du quart de son poids d'eau.

Quelque favorable que parut cette Expérience au système de M. Black, elle pouvoit néanmoins s'expliquer encore dans celui de M. Meyer. Les partisans de ce dernier pouvoient dire, en effet, que la diminution de pesanteur spécifique, observée dans la solution alkaline, à mesure qu'on y ajoutoit de la chaux, loin de prouver que la chaux enlevât quelque chose à l'alkali, prouvoit au contraire qu'elle lui fournissoit une matiere plus légere que n'étoit cette solution, & qu'il n'arrivoit en cela que ce qui s'observe relativement à l'eau dont on diminue la pesanteur spécifique par l'addition d'une liqueur spiritueuse, ou de toute autre moins pesante qu'elle : qu'il étoit même probable que cette matiere n'étoit autre chose que le phlogistique ; enfin, ils ajouteroient que cette propriété du phlogistique, de diminuer la pesanteur spécifique des liqueurs dans lesquelles il est combiné, est un effet connu en Chymie sur lequel il ne peut rester d'équivoque ; que l'esprit-de-vin, les huiles & plusieurs autres sub-stances, en fournissent des exemples.

Je ne m'arrêterai point ici à discuter ces objec-tions ; je me jetterois dans des raisonnemens superflus : c'est à l'expérience seule qu'il faut avoir recours pour en apprécier la valeur, je me hâte donc de poursuivre.

EXPÉRIENCE IV.

Augmentation de poids de la chaux qui a passé dans une solution alkaline.

J'ai fait dissoudre 4 onces de cristaux de sou-de dans 14 onces d'eau distillée, j'y ai jetté 2 onces de chaux éteinte & desséchée, (Voyez Expérience III. chap. premier,) & j'ai agité la liqueur pendant quelques instans ; lorsque toute la chaux a été déposée, j'ai décanté la liqueur ; j'ai lavé avec plusieurs eaux la terre qui restoit au fond, après quoi je l'ai fait sécher au degré du mercure bouillant ; l'ayant ensuite pesée, elle s'est trouvée du poids de 3 onces o gros 6 grains.

RÉFLEXIONS.

Il est clair, d'après cette Expérience, que la

chaux éteinte enleve à la folution alkaline une fubftance quelconque qu'elle s'approprie , & qui augmente fon poids environ d'un tiers. Cette fubftance ne peut être de l'eau , 1°. parce qu'elle en étoit déja faturée ; 2°. parce qu'en enlevant l'eau de la folution alkaline , elle l'auroit concentrée ; elle en auroit donc augmenté la pefanteur fpécifique , loin de la diminuer , comme on l'a vu dans l'Expérience précédente. Les Expériences qui fuivent vont nous apprendre quel eft ce quelque chofe que la chaux enleve à la folution alkaline de la foude.

EXPÉRIENCE V.

Faire paſſer dans la chaux telle portion qu'on voudra du fluide élaftique de la foude , & le démontrer enfuite dans la chaux.

PRÉPARATION DE L'EXPÉRIENCE.

J'ai fait diffoudre dans deux onces d'eau diftillée 1 once 26 grains $\frac{5}{8}$ de foude en criftaux, lefquels , fuivant l'Expérience II, devoient contenir 135 pouces de fluide élaftique ; j'ai ajouté à cette folution 2 gros de chaux éteinte, lefquelles , (fuivant l'Expérience V, chap. premier ,) devoient contenir environ 6 pouces cubes d'air:

la quantité totale du fluide élastique employée dans cette Expérience étoit donc de 141 pouces.

Si les deux gros de chaux avoient réellement enlevés à la soude une portion du fluide élastique qu'elle contenoit, il s'ensuivoit nécessairement, 1°. que la soude devoit en contenir moins qu'auparavant ; 2°. que la quantité manquante à la soude devoit se retrouver dans la chaux. Pour vérifier cette conjecture, j'ai décanté, d'une part, jusques à la derniere goutte, la solution alkaline de soude surnageante à la chaux ; de l'autre, j'ai lavé avec soin la chaux qui étoit au fond ; enfin, j'ai saturé séparément l'un & l'autre d'acide nitreux dans l'appareil destiné à mesurer les quantités d'air dégagé représenté figure premiere.

EFFET.

La solution alkaline de soude, au lieu de 135 pouces, n'en a fourni que 64 ; la chaux, au contraire, qui n'en devoit fournir que 6, en a donné 80, total 144 ; ce qui revient, à 3 pouces près, à la quantité totale employée.

EXPÉRIENCE VI.

J'ai répété la même Expérience en employant

la même dofe d'alkali, de la foude & d'eau ; j'y
ai feulement ajouté 4 gros de chaux au lieu de 2.
J'ai décanté la folution alkaline ; j'ai lavé la
chaux avec un peu d'eau, après quoi j'ai foumis
féparément & fucceffivement, d'une part, la
leffive cauftique ; de l'autre, la chaux à l'appareil repréfente figure premiere.

E F F E T.

Le dégagement d'air fourni par la leffive alkaline n'a été que de 18 pouces cubiques. Celui
au contraire fourni par la chaux, a été de 132,
total, 150 pouces ; ce qui revient encore, à 8
pouces près, à la quantité totale du fluide élaftique employé dans l'Expérience.

R É F L E X I O N S.

Quatre gros de chaux éteinte, fuivant les
Expériences rapportées dans le Chapitre précédent, font capables d'abforber plus de 200
pouces cubiques de fluide élaftique ; cependant,
il s'en eft fallu de 18 pouces, qu'elle n'ait pu
enlever à la foude les 135 pouces d'air qu'elle
contenoit : cette circonftance prouve d'un côté,
que les dernieres portions de fluide élaftique ont
une adhérence affez forte aux fubftances alkalines

avec lesquelles elles font unies ; de l'autre, que la chaux, lorsqu'elle eft combinée avec une certaine portion de fluide élaftique, n'a plus une action auffi puiffante qu'auparavant pour en abforber de nouveau.

Je paffe aux phénomènes qui s'obfervent relativement à l'alkali volatil.

EXPÉRIENCE VII.

Diffolution de l'alkali volatil concret dans l'acide nîtreux.

PRÉPARATION DE L'EXPÉRIENCE.

J'ai mis dans un petit matras à long col fix onces d'acide nîtreux, & j'y ai jetté peu-à-peu de l'alkali volatil concret jufques à ce que j'euffe atteint le point de faturation.

EFFET.

Il y a eu une très-vive efferveſcence, & la quantité d'alkali volatil néceffaire pour faturer complettement l'acide nîtreux, a été de 2 onces 6 gros 36 grains ; le total du poids des matieres employées étoit donc, avant la combinaifon, de 8 onces 6 gros 36 grains. La combinaifon achevée il ne s'eft plus trouvé que de 7 onces 3 gros

60 grains; d'où il fuit que la perte, pendant l'effervescence, a été de 1 once 2 gros 48 grains.

EXPÉRIENCE VIII.

Mefurer la quantité de fluide élaftique dégagé d'une quantité donnée d'alkali volatil concret.

J'ai employé dans cette Expérience le quart des dofes de la précédente, c'eft-à-dire, 1 once & demie d'acide nîtreux, & 5 gros 45 grains d'alkali volatil concret. La combinaifon faite dans l'appareil repréfenté figure premiere, m'a donné 270 pouces cubiques $\frac{1}{2}$ de fluide élaftique : en quadruplant cette quantité, on aura 1080 pouces cubiques pour la quantité de fluide élaftique contenu dans 2 onces 6 gros 36 grains d'alkali concret. Le baromètre étoit dans le temps de cette opération à 28 pouces 1 ligne $\frac{1}{2}$, & le thermometre à 19 degrés. La pefanteur du pouce cube d'air de l'atmofphère étoit donc, d'après les déterminations de M. de Luc, d'environ $\frac{45}{100}$ de grain ; d'où il fuit que fi le fluide élaftique dégagé de l'alkali volatil concret n'étoit pas plus pefant que l'air de l'atmofphere, les 1080 pouces cubiques ci deffus n'auroient dû pefer que 6 gros 54 grains ; cependant la perte de poids a été (Expérience VII.) de 1 once 2 gros 48 grains ; sur quoi on peut faire les mêmes réflexions qu'à l'égard de la craie & de la soude. (Voyez ci-dessus Expérience II. chap. 1 & 2.)

EXPÉRIENCE IX.

Combinaison de la chaux avec une solution d'alkali volatil concret.

J'ai mis dans un vaisseau bien bouché 18 onces d'eau distillée & 2 onces d'alkali volatil concret : la solution s'est faite avec refroidissement, comme il arrive à presque tous les sels. Lorsque la liqueur saline a eu repris la température du laboratoire, qui étoit environ 17 degrés du thermomètre de M. de Réaumur, j'y ai plongé le même pèse-liqueur d'argent, dont je m'étois servi dans les précédentes Expériences ; le poids du fluide déplacé s'est trouvé de 9 onces 3 gros 65 grains $\frac{3}{4}$, c'est-à-dire, que la pesanteur spécifique de cette solution étoit à celle de l'eau distillée dans le rapport de 1037440 à 1000000.

J'ai remis cette solution dans un flacon bien bouché ; j'y ai ajouté une once de chaux éteinte & séchée ; j'ai agité le vase pendant quelques instans ; enfin, j'ai laissé reposer, & ayant dé-

canté, j'y ai plongé de nouveau le pefé-liqueur :
le volume de fluide déplacé par cet inftrument,
s'eft trouvé fenfiblement plus léger qu'il n'étoit
avant l'addition de chaux. Il ne pefoit plus que
9 onces 2 gros 59 grains, c'eft-à-dire, que la
pefanteur fpécifique de la folution n'étoit plus à
celle de l'eau diftillée, que dans la proportion de
1022492 à 1000000. Cette folution, qui, avant
l'addition de la chaux, n'avoit qu'un montant
affez foible d'alkali volatil, étoit déjà très-péné-
trante.

J'ai ajouté à cette folution 4 nouveaux gros
de chaux ; alors le poids du volume de fluide déplacé s'eft trouvé réduit à 9 onces 1 gros 57
grains, c'eft-à-dire, que fa pefanteur fpécifique
étoit à celle de l'eau diftillée dans le rapport de
1008446 à 1000000.

Quatre nouveaux gros de chaux ont réduit
cette pefanteur à 9 onces 0 gros 69 grains : c'eft-
à-dire, que la liqueur étoit plus légère que l'eau
diftillée (1), dans le rapport de 997058 à
1000000.

____

(1) Cette légereté de l'alkali volatil fluor plus grande
que celle de l'eau, a déja été obfervé par M. Baumé, relativement à celui tiré du fel ammoniac par la chaux. Voyez
Chymie expérimentale & raifonnée, p. 112.

La solution étoit alors extrêmement pénétrante ; les vapeurs mêmes en étoient si suffoquantes qu'on ne pouvoit opérer pour en déterminer la pesanteur spécifique, sans prendre quelques précautions pour les éviter.

Ayant encore ajouté quatre nouveaux gros de chaux, la liqueur s'est trouvée plus légere que l'eau distillée dans le rapport de 990790 à 1000000.

Ce terme est celui auquel l'alkali volatil est privé de fluide élastique, autant qu'il le peut être par la chaux ; car ayant encore ajouté 4 gros de chaux dans la solution alkaline, ils n'ont produit aucune diminution nouvelle dans sa pesanteur spécifique (1).

RÉFLEXIONS.

Il résulte de cette Expérience, qu'il faut tout au plus 2 parties & demie de chaux éteinte pour rendre l'alkali volatil aussi caustique qu'il le peut être par la chaux : il faudroit dans la proportion employer un peu moins de deux parties de chaux vive pour produire le même effet ; mais il

---

(1) La quantité totale de chaux employée dans cette Expérience est de 3 onces juste.

est beaucoup préférable d'employer la chaux éteinte ; autrement la grande chaleur qu'éprouve la liqueur pendant l'extinction, dissiperoit une portion de l'alkali volatil.

EXPÉRIENCE X.

Augmentation de poids de la chaux qui a été combiné avec une solution d'alkali volatil concret.

Pour prouver, comme dans l'Expérience IV, que la chaux enleve quelque chose à l'alkali volatil, j'ai décanté la solution alkaline qui avoit été ainsi diminuée de poids dans l'Expérience précédente, & j'ai mis soigneusement à part toute la chaux qui s'étoit rassemblée au fond : je l'ai fait sécher en la tenant long-temps exposée sur un bain de sable à un degré de chaleur un peu supérieur à celui du mercure bouillant, & capable par conséquent de chasser l'alkali volatil qui pouvoit rester interposé entre ses parties ; après quoi l'ayant porté à la balance, j'ai trouvé son poids de 3 onces 4 gros 60 grains, tandis qu'elle ne pesoit que 3 onces juste avant l'opération.

RÉFLEXIONS.

Si l'on calcule maintenant d'après les proportions de l'Expérience VIII, on trouvera que les deux onces d'alkali volatil concret employées dans l'Expérience IX devoient contenir 768 pouces cubes de fluide élastique ; mais ces 768 pouces de fluide élastique, en passant dans la chaux, y ont occasionnés une augmentation de poids de 4 gros 60 grains ; donc chaque pouce de fluide élastique pesoit $\frac{45}{100}$ de grains ; ce qui revient précisément à la pesanteur du pouce cube de l'air de l'atmosphère.

On pourroit m'objecter ici que je suppose dans cette Expérience que le fluide élastique a passé de l'alkali volatil dans la chaux sans l'avoir démontré ; l'Expérience suivante détruira cette objection.

EXPÉRIENCE XI.

Démontrer dans la chaux la quantité de fluide élasti-
que qu'elle a enlevée à l'alkali volatil.

PRÉPARATION DE L'EXPÉRIENCE.

J'ai dissout dans suffisante quantité d'eau distillée, 5 gros 45 grains d'alkali volatil concret ; j'y ai ajouté moitié de son poids, c'est-à-dire, 2 gros 58 grains de chaux éteinte ; j'ai agité la liqueur, & lorsque j'ai jugé que la chaux avoit exercé toute fon action , j'ai décanté la liqueur furnageante , & j'ai foumis féparément d'une part, la chaux dépofée au fond du vafe , de l'autre , l'alkali volatil à l'appareil de la figure première. Le dégagement d'air fourni par la chaux a été de 163 pouces ; celui fourni par l'alkali volatil a été à-peu-près , tel qu'il devoit être pour completter les 270 pouces cubiques de fluide élaftique contenu dans les 5 gros 45 grains d'alkali volatil ; je dis à-peu-près , parce qu'une circonftance de l'Expérience dont il eft inutile de rendre compte , m'a laiffé une incertitude de quelques pouces fur le réfultat obtenu par l'alkali volatil.

EXPÉRIENCE XII.

Rendre à une lefcive alkaline de foude cauftique , l'air dont elle a été dépouillée par la chaux , & lui rendre en même tems fa pefanteur fpécifique originaire , & la propriété de faire effervefcence avec les acides.

PRÉPARATION DE L'EXPÉRIENCE.

J'ai pris la lefcive alkaline de l'Expérience III, qui avoit été dépouillée de fon air par la chaux ; je l'ai mis dans l'appareil repréfenté fig. 7, & j'y ai fait bouillonner le fluide élastique dégagé de la craie par l'acide vitriolique.

EFFET.

Lorsque je ne mettois que peu de lessive alkaline caustique dans la bouteille I, en trois ou quatre minutes elle reprenoit la propriété de faire effervescence : il falloit plus de temps, à proportion que la masse de liqueur étoit plus considérable ; mais dans les deux cas, sa pesanteur spécifique augmentoit sensiblement, & à la fin de l'expérience, elle se rapprochoit beaucoup de celle qu'elle avoit avant sa combinaison avec la chaux.

EXPÉRIENCE XIII.

Rendre à l'alkali volatil caustique l'air qui lui a été enlevé par la chaux, & lui rendre en même temps toutes les propriétés qui en dépendent.

PRÉPARATION DE L'EXPÉRIENCE.

J'ai mis dans la bouteille I, figure 7, l'alkali volatil de l'Expérience IX de ce Chapitre, rendu caustique par la chaux, & j'ai fait passer à travers le fluide élastique dégagé de la craie par l'acide vitriolique.

E F F E T.

La liqueur a augmenté peu-à-peu de pesanteur spécifique ; son odeur vive & pénétrante
s'est adoucie ; enfin, elle a repris la propriété
qu'elle avoit perdue de faire effervescence avec
les acides, & de précipiter la terre calcaire dissoute dans l'acide nîtreux (1).

____

(1) Cette derniere circonstance a rapport à l'Expérience
premiere du Chapitre suivant.

CHAPITRE III.

De la précipitation de la terre calcaire dissoute dans l'acide nîtreux par les alkalis caustiques & non caustiques.

APRÈS avoir combiné trois à trois l'acide nîtreux, la terre calcaire, les alkalis fixes & volatils, & le fluide élastique ; après avoir fait voir comment ce dernier passe des alkalis dans la terre calcaire, & comment il peut être chassé de cette derniere par le moyen des acides ; j'ai cru devoir, à l'exemple de Messieurs Black & Jacquin, essayer de compliquer ces combinaisons, de les faire quatre à quatre, & je vais rendre compte des phénomènes que ces Expériences m'ont présentés.

J'ai fait d'abord dissoudre dans 6 onces d'acide nîtreux, 1 once 5 gros 36 grains de chaux éteinte. On a vu, Chapitre I, Expérience V, que cette proportion étoit celle nécessaire à la saturation. J'ai ensuite divisé cette dissolution en quatre portions égales, & je les ai mises dans autant de bocaux séparés : il est facile de voir que

chacun

chacun d'eux contenoit une once & demie d'a-
cide nîtreux , & 3 gros 27 grains de chaux
éteinte.

Je m'en suis servi pour faire les quatre Expériences qui suivent.

EXPÉRIENCE PREMIERE.

Précipitation de la chaux dissoute dans l'acide ni-
treux par l'alkali de la soude.

J'ai versé goutte à goutte dans une des quatre
portions de dissolution ci-dessus de l'alkali de la
soude en liqueur , & j'ai continué jusques à ce
qu'il ne se fit plus de précipitation ; il n'y a eu ni
mouvement ni effervescence , & le précipité s'est
rassemblé sous forme blanche. J'ai décanté la
liqueur surnageante , je l'ai lavée dans plusieurs
eaux distillées ; enfin , j'ai fait sécher le précipité
à une chaleur égale à celle du mercure bouillant,
elle s'est trouvé peser 4 gros 60 grains.

Cette terre faisoit une vive effervescence avec
les acides , elle n'avoit presque aucun goût , elle
ne dégageoit point à froid l'alkali volatil du sel
ammoniac ; en un mot , elle n'étoit plus dans
l'état de chaux , mais dans celui de terre calcaire ou de craie.

Q

EXPÉRIENCE II.

Précipitation de la terre calcaire diffoute dans l'acide nîtreux par l'alkali de la foude rendu cauftique.

J'ai verfé dans une feconde portion de la même diffolution, de l'alkali de la foude en liqueur dépouillé de fluide élaftique par la chaux. (Voyez ci-deffus Expérience III.) La précipitation s'eft faite comme à l'ordinaire ; ayant enfuite lavé & féché le précipité, il s'eft trouvé pefer 3 gros 48 grains : cette terre étoit une véritable chaux, elle étoit diffoluble dans l'eau dans la même proportion que la chaux, l'eau de chaux qui en réful-toit, donnoit une crême de chaux à la furface, elle ne faifoit prefque aucune effervefcence avec les acides, elle communiquoit la caufticité aux alkalis, elle décompofoit à froid le fel ammoniac; en un mot, on ne pouvoit affigner aucune diffé-rence entre elle & une véritable chaux faite par la calcination.

EXPÉRIENCE III.

Précipitation de la terre calcaire diffoute dans l'acide nîtreux par une folution d'alkali volatil concret.

La précipitation, dans cette Expérience, s'eft faite avec un mouvement d'effervefcence affez senfible ; & cette circonftance fournit encore une nouvelle confirmation de la théorie : on a vu, en effet, Chapitre II, Expérience VIII, & Chapitre premier, Expérience II, que l'alkali volatil contenoit plus de fluide élaftique que la terre calcaire ; cette derniere ne peut donc abforber, pendant fa précipitation, la totalité de celui qui fe dégage de l'alkali volatil pendant fa diffolution, & il doit néceffairement fe trouver un excédent qui, rendu à fon élafticité, doit fe diffiper par l'effervefcence. La terre précipitée étoit d'un blanc un peu jaunâtre, féchée au degré du mercure bouillant ; elle pefoit 4 gros 49 grains. Cette terre, comme celle de l'Expérience premiere de ce Chapitre, étoit dans l'état de terre calcaire : elle étoit infoluble dans l'eau ; elle faifoit effervefcence avec les acides, & n'avoit aucun des caractères de la chaux.

EXPÉRIENCE IV.

Précipitation de la terre calcaire diffoute dans l'acide nîtreux par l'alkali volatil dépouillé de fluide élaftique.

J'ai tenté en vain cette précipitation, foit par l'alkali volatil dégagé du fel ammoniac par

la chaux, foit par l'alkali volatil concret dépouillé de fluide élaftique par une addition de chaux,
foit enfin par un alkali volatil dégagé du fel
ammoniac par les fubftances métalliques & très-
privé de fluide élaftique ; dans aucun cas, la terre
calcaire ne s'eft précipitée : j'ai obfervé feulement quelquefois que la liqueur louchiffoit un
peu, & qu'il fe raffembloit avec le temps une
matiere jaune rouille de fer très-divifée, qui
féchée ne pefoit que quelques grains (1).

RÉFLEXIONS.

Il réfulte de ces quatre Expériences, 1°. qu'on
peut, à volonté, précipiter la terre alkaline d'une
diffolution par l'acide nîtreux, ou fous forme
de craie, c'eft-à-dire faturée de fluide élaftique,
ou fous forme de chaux ; elle eft chaux, fi l'on
précipite par un alkali cauftique, c'eft-à-dire par
un alkali privé de fluide élaftique ; elle eft craie,
fi l'on précipite par un alkali ordinaire : 2°. que
lorfqu'elle a été précipitée fous forme de chaux,
elle n'a prefque que le poids originaire de la

____

(1) On a vu ci-deffus Expérience XIII , chap. 2. qu'en
rendant le fluide élaftique à l'alkali volatil cauftique, on
lui rend la propriété de précipiter la terre calcaire.

chaux employée dans la diffolution, tandis qu'au
contraire lorfqu'elle eft précipitée fous forme de
terre calcaire ou de craie, c'eft-à-dire faturée
de fluide élaftique ; on l'obtient avec une augmentation de poids très - approchante de celle
qu'acquiert la chaux qui fe convertit en craie :
3°. qu'il s'en faut cependant de quelque chofe
que cette augmentation ne foit auffi forte qu'elle
devroit l'être ; il réfulte, en effet, des Expériences rapportées au commencement du Chapitre
premier, que 3 gros 27 grains de chaux éteinte,
faturée enfuite de fluide élaftique, doivent pefer
4 gros 63 grains ; on a eu cependant par l'alkali de la foude, Expérience premiere, que 4
gros 60 grains, & par l'alkali volatil concret,
Expérience III, que 4 gros 49 grains ; ce qui
confirme encore ce qui a été avancée plus haut,
que la chaux qui attire très - puiffamment les
premieres portions de fluide élaftique qui lui font
préfentées, n'a qu'une action plus foible fur les
dernieres.

CONCLUSION DES CHAPITRES II ET III.

Il eft à-peu-près auffi prouvé qu'il le puiffe
être en Phyfique, d'après les Expériences rapportées dans ces deux Chapitres, que le même fluide

élaftique qui a été reconnu dans la craie, Chapitre I, exifte également dans les alkalis fixes &
volatils ; qu'il en peut être chaffé par la diffolution dans les acides, & que l'effervefcence qu'on
obferve dans le moment de la combinaifon, eft
un effet du dégagement de ce fluide. Que ce même fluide a plus de rapport, plus d'affinité avec
la chaux, qu'avec les alkalis falins, & que c'eft
par cette raifon que fi on mêle de la chaux dans
une liqueur alkaline, elle s'empare du fluide élaftique qu'elle contenoit, fe l'approprie, fe convertit en terre calcaire, & réduit l'alkali à l'état
de caufticité.

Ce feroit peut-être ici le moment de rapporter
les Expériences que j'ai faites fur la nature du
fluide élaftique dégagé des alkalis falins & terreux, cependant d'autres confidérations m'obli-
gent de m'occuper d'abord de la combinaifon
de ce même fluide avec les fubftances métalliques.

CHAPITRE IV.

De la combinaison du fluide élastique de la terre calcaire & des alkalis avec les substances métalliques par précipitation.

UN assez grand nombre d'Expériences me portent à croire que le fluide élastique, le même dont j'ai cherché à prouver l'existence dans la terre calcaire & dans les alkalis, est susceptible de s'unir par précipitation à la plupart des substances métalliques ; que c'est en grande partie ce principe qui forme l'augmentation de poids des précipités métalliques, qui leur ôte leur éclat, qui les réduit sous forme de chaux, &c. Quoique mes Expériences soient déjà très-multipliées sur cet objet, cependant comme on ne peut douter que les précipités ne retiennent avec eux quelque chose, & de leurs dissolvans, & des matieres qu'on a employées pour les précipiter ; qu'à cette circonstance, se joignent encore des phénomènes particuliers, occasionnés par la décomposition des acides ; j'ai cru devoir réserver pour un Mémoire particulier la plus grande partie de mes Expériences : je me contenterai, en conséquence, de donner ici celles qui sont les plus essentiellement liées avec l'objet que je traite aujourd'hui, en avertissant cependant le Lecteur, que je ne les donne que pour des faits dont les conséquences ne sont pas encore suffisamment prouvées.

EXPÉRIENCE PREMIERE.

Dissolution du mercure par l'acide nîtreux.

J'ai pesé exactement 12 onces de mercure ; je les ai mises dans un matras, & j'ai versé par-dessus 12 onces de l'esprit de nître employé Expérience premiere, Chapitre premier : bientôt l'effervescence s'est excité d'elle-même avec chaleur ; il s'est élevé du mélange des vapeurs rutilantes d'acide nîtreux , & la liqueur a pris une couleur verdâtre. Je n'ai pas attendu que la dissolution fût entierement achevée pour porter les matieres à la balance ; la perte s'est trouvée d'un gros 18 grains : trois heures après , il ne restoit presque plus de mercure , mais ayant repesé de nouveau la dissolution , je fus très-étonné de m'appercevoir qu'elle avoit augmenté de poids, au lieu de diminuer, & que la perte qui étoit d'un gros 18 grains , n'étoit plus que de 54

grains. Le lendemain, la diffolution du mercure
étoit entierement achevée, & la perte du poids
fe trouvoit réduite à 18 grains; de forte qu'en
douze heures, la diffolution, quoique renfermée
dans un matras à col étroit, avoit acquis une
augmentation de poids d'un gros. Le temps ne
me permettant pas dans ce moment de fuivre
plus loin ce phénomène, j'ai remis à un autre
temps à l'approfondir : j'ajoutai à ma diffolution
de l'eau diftillée pour l'empêcher de criftallifer ;
fon poids total fe trouva enfuite être de 48
onces 1 gros 18 grains.

EXPÉRIENCE II.

*Précipitation du mercure par la craie & par la
chaux.*

PRÉPARATION DE L'EXPÉRIENCE.

J'ai pefé féparément dans deux bocaux 8
onces 0 gros 15 grains de la diffolution ci-deffus,
lefquelles, fuivant l'Expérience précédente, devoient contenir chacune 2 onces d'acide nîtreux
& 2 onces de mercure. J'ai préparé d'autre part
6 gros 36 grains de craie, & 4 gros 36 grains de
chaux éteinte. On a vu, Chap. I. Expériences I
& IV, que ces deux quantités étoient celles né-

cessaires pour saturer deux onces d'acide nîtreux,
J'ai mis dans l'un des bocaux la craie en poudre, dans l'autre la chaux.

EFFET.

Il y a eu effervescence pendant la précipitation
par la craie, mais sans chaleur : le mercure s'est
précipité en poudre d'un jaune peu foncé ; en
même tems la craie s'est dissoute dans l'acide
nîtreux.

La précipitation par la chaux s'est faite sans
effervescence, mais avec chaleur : le mercure
s'est précipité en poudre brunâtre. Lorsque les
précipités ont été bien rassemblés, j'ai décanté la
liqueur surnageante, j'ai bien édulcoré les précipités ; après quoi, je les ai fait sécher à une
chaleur à-peu-près égale à celle du mercure bouillant.

Le précipité par la craie s'est trouvé peser 2
onces 2 gros 45 grains.

Celui par la chaux, pesoit 2 onces 1 gros 5
grains. Il étoit d'un gris terreux foncé.

EXPÉRIENCE III.

Dissolution du fer par l'acide nitreux.

J'ai mis dans un matras 16 onces du même

acide nîtreux employé dans les Expériences précédentes ; j'y ai ajouté peu-à-peu de la limaille de fer : l'effervefcence a été vive avec très-grande chaleur, vapeurs rutilantes, & dégagement très-rapide de fluide élaftique ; la quantité de limaille néceffaire pour atteindre le point de faturation a été de 2 onces 4 gros ; après quoi la perte de poids s'eft trouvée de 4 gros 19 grains.

Comme la folution étoit trouble, j'y ai ajouté de l'eau diftillée jufqu'à ce que le poids total de la diffolution fût exactement de 6 livres.

EXPÉRIENCE IV.

Précipitation du fer diffout dans l'acide nîtreux, par la craie & par la chaux.

PRÉPARATION DE L'EXPÉRIENCE.

J'ai pris deux portions, de 12 onces chacune, de la diffolution ci deffus, lefquelles contenoient 2 onces d'acide nîtreux, & 2 gros 36 grains de limaille de fer ; je les ai mifes dans deux bocaux féparés, j'ai ajouté dans l'un 6 gros 36 grains de craie, & dans l'autre 4 gros 36 grains de chaux éteinte. On ne doit pas perdre de vue que ces deux quantités font celles néceffaires pour faturer 2 onces d'acide nîtreux.

EFFET.

La précipitation par la craie s'est faite avec effervescence & gonflement ; celle par la chaux s'est faite sans effervescence & sans chaleur : l'un & l'autre précipité étoit d'un jaune brun rouille de fer ; je les ai lavées dans plusieurs eaux distillées, après quoi, je les ai séchées au bain de sable à une chaleur un peu supérieure à celle du mercure bouillant.

Le précipité par la craie séché étoit d'un rouille de fer grisâtre, même blanchâtre par veines ; il pesoit 6 gros 35 grains ; celui par la chaux étoit un peu plus jaune, il pesoit 4 gros 69 grains.

RÉFLEXIONS.

Il résulte de ces Expériences, 1°. que le fer & le mercure dissouts par l'acide nîtreux éprouvent en général une augmentation notable, lorsqu'on les précipite, soit par la craie, soit par la chaux ; 2°. que cette augmentation est plus grande à l'égard du fer qu'à l'égard du mercure. 3°. qu'une raison de penser que le fluide élastique contribue à cette augmentation, c'est qu'elle est constamment plus grande, lorsqu'on emploie une terre faturée de fluide élaftique , telle que la craie , que lorfqu'on emploie une terre qui en a été dépouillée comme la chaux : 4°. qu'il eft probable que l'augmentation de poids qu'on éprouve dans la précipitation par la chaux , quoique moins grande que celle qu'on éprouve par la craie , vient encore en partie d'une portion de fluide élaftique qui refté probablement unie à la chaux , & que la calcination n'a pu en féparer : l'Expérience VI, Chapitre premier , confirme cette opinion ; elle fait voir , en effet , que la chaux éteinte contient encore quelques portions de fluide élaftique.

A ces expériences qui femblent porter à croire que l'augmentation de poids des précipités métalliques eft en partie dûe à une portion de fluide élaftique qui leur eft uni, on peut joindre une confidération très-forte ; c'eft que fi , au lieu de précipiter par une terre , on fait la précipitation par un autre métal comme elle eft indiquée dans les colomnes 2 & 3 de la Table des Rapports de M. Geoffroy , le métal diffout , au lieu de fe précipiter fous forme de chaux , reparoît , au contraire , fous fa forme métallique , & il n'a alors que le même poids qu'il avoit avant la diffolution ; il eft très-probable que cette circonstance tient à ce que le métal ne trouve en se précipitant aucun corps auquel il puisse enlever le fluide élastique.

Je m'occuperai quelque jour plus particulierement de cet objet.

***

CHAPITRE V.

De l'existence d'un fluide élastique fixé dans les chaux métalliques.

EN supposant que les Expériences rapportées dans le Chapitre précédent ne prouvassent pas complettement la possibilité de l'union d'un fluide élastique avec les substances métalliques, elles formoient au moins un indice assez fort pour m'engager à m'occuper essentiellement de cet objet. Je commençai dès-lors à soupçonner que l'air de l'atmosphère, ou un fluide élastique quelconque contenu dans l'air, étoit susceptible dans un grand nombre de circonstances, de se fixer, de se combiner avec les métaux ; que c'étoit à l'addition de cette substance qu'étoient dûs les phénomènes de la calcination, l'augmentation de poids des métaux convertis en chaux, & peut-être beaucoup d'autres phénomènes dont les Physiciens n'avoient encore donné aucune explication satisfaisante. Ces conjectures même acquirent à mes yeux un très-grand degré de probabilité par les réflexions qui suivent.

Premierement, la calcination des métaux ne peut avoir lieu dans des vaisseaux exactement fermés & privés d'air.

Secondement, elle est d'autant plus prompte, que le métal offre à l'air des surfaces plus multipliées.

Troisiémement, c'est un fait reconnu de tous les Métallurgistes, & observé par tous ceux qui ont travaillé aux opérations de Docimasie, que dans toute réduction, il y a effervescence au moment où la substance métallique passe de l'état de chaux à celui de métal ; or, une effervescence n'est communément autre chose qu'un dégagement de fluide élastique, donc la chaux contient un fluide élastique, sous forme fixe, qui reprend son élasticité au moment de la réduction.

Quelque probables que me parussent ces conjectures, c'étoit à l'expérience seule à les confirmer ou à les détruire ; je fis en conséquence successivement différentes tentatives, dont un grand nombre ne fut pas heureux, & dont je crois devoir épargner le détail au Lecteur, jusques à ce qu'enfin je parvins à établir les vérités qui suivent.

EXPÉRIENCE PREMIERE.

Faire la réduction du minium dans un appareil propre à mesurer la quantité de fluide élastique dégagée ou absorbée.

DESCRIPTION DE L'APPAREIL.

BCDE fig. 8, représente une cuvette ou un autre vase quelconque de fayance ou de verre, dans lequel est renversée une cloche de cristal F G H : au milieu de la cuvette en K, s'éleve une petite colomne de cristal I K évasée par le haut ; on l'assujettit par en bas avec un peu de cire verte (1). On pose sur cette colomne une coupelle A de porcelaine, ou d'une autre matiere très-réfractaire. On passe par dessous les bords de la cloche le siphon ou tube recourbé de verre M N fig. 9, & on emplit d'eau la cuvette BC D E. On fait ensuite monter l'eau à telle hauteur

______

(1) On trouve de ces sortes de colomnes chez la plûpart des Fayanciers ; on les emploie dans les desserts pour supporter les fruits.

qu'on

qu'on le juge à propos dans la cloche F G H,
en fuçant l'air par l'ouverture N du fiphon M
N ; enfin, avec l'entonnoir à gouleau recourbé,
repréfenté fig. 3, on introduit une couche d'huile
fous la cloche ; cette huile monte à la furface, &
elle empêche que le fluide élaftique dégagé pendant l'opération n'ait le contact immédiat de
l'eau, & ne foit abforbé par elle.

PRÉPARATION DE L'EXPÉRIENCE.

J'ai mis dans la capfule A, fig. 8, 2 gros de
minium mêlés avec douze grains de braife de
Boulanger qui avoit été préalablement réduite
en pouder, & calcinée à grand feu pendant plufieurs heures dans un vaiffeau fermé : j'ai marqué
avec une bande de papier collé, la hauteur G H
jufques à laquelle j'avois élevé l'eau, & j'ai porté
l'appareil ainfi difpofé, au foyer du grand verre
ardent de Tchirnaufen, appartenant à M. le
Comte de la Tour d'Auvergne : cette lentille
étoit alors établie au Louvre dans le Jardin de
l'Infante pour d'autres Expériences faites en
fociété par Meffieurs Macquer, Briffon, Cadet,
& par moi, & dont une partie eft déjà connue
de l'Académie des Sciences.

R

EFFET.

Presqu'au même instant que la coupelle A a été présentée au foyer, la réduction s'est faite, & le plomb a reparu en petites parcelles rondes ou grenaille très-fine : en même temps, il s'est élevé une vapeur jaunâtre qui s'est attachée à la voûte de la cloche, & qui m'a paru n'être qu'une chaux de plomb qui avoit été volatilisée par la violence de la chaleur. Lorsque j'ai jugé la réduction faite, j'ai retiré l'appareil du foyer, je l'ai placé sur la même tablette & exactement à la même place où il étoit avant l'opération : enfin, lorsque les vaisseaux ont été parfaitement refroidis, & qu'ils ont eu repris le même degré de température qu'avant la réduction, j'ai observé la hauteur de l'eau, & j'ai reconnu, par le baisse-ment de sa surface, qu'il s'étoit opéré un déga-gemens de fluide élastique de 14 pouces cubiques environ.

RÉFLEXIONS.

La quantité de plomb obtenue par cette ré-duction étoit environ de $\frac{1}{32}$ de pouce cube, d'où il suit que le volume de fluide élastique dégagé égaloit 448 fois le volume de plomb réduit ; en-core s'est-il trouvé au fond de la coupelle quel-

ques portions de minium non réduites. J'ai répété plufieurs fois cette expérience, & dans différentes proportions , celles que j'indique ici
m'ont conftamment le mieux réuffi : quand on
emploie trop de charbon, la réduction ne fe fait
qu'avec peine dans le fond du vafe ; le charbon
au contraire, fe brûle à la furface, & il en réfulte
des erreurs affez confidérables pour ôter toute
confiance dans les réfultats.

Quoique cette premiere Expérience fût affez
décifive, elle me laiffoit cependant encore de
l'inquiétude ; premierement, parce que le foyer
du verre ardent étant fort étroit, je n'avois pu
opérer que fur de médiocres quantités. Secondement, parce que la chaleur étoit fi grande dans
les environs du foyer qu'il m'avoit été impoffible d'employer des cloches de moins de 5 à 6
pouces de diamètre ; encore s'échauffoient-elles
beaucoup, & s'en étoit-il caffé quelques unes :
il arrivoit de-là que le petit nombre de pouces
cubiques dégagés pendant la réduction fe trouvant repartis dans un efpace affez étendu en furface, les différences devenoient peu fenfibles.
Troifiémement, parce que le volume de l'air
contenu fous la cloche, étant fort confidérable ,
la moindre différence dans la température pou-

voit occafionner des erreurs fenfibles. Quatriémement enfin, parce que l'huile même qui couvroit la furface de l'eau, fe trouvant expofé à un dégré de chaleur affez confidérable, il pouvoit s'en dégager quelques portions de fluide élaftique.

Ces différentes confidérations m'ont obligé d'avoir recours à l'appareil repréfenté par la fig. 10, dont l'idée vient originairement de M. Hales; qui a été depuis corrigé par feu M. Rouelle, & auquel j'ai fait moi-même quelques changemens & additions relatifs à la circonftance.

La cornue A fig. 10, s'ajufte en G G avec un récipient G H; lequel, fuivant les opérations, peut être d'étain, de fer blanc ou de verre: ce récipient a en *h* une tubulure qui fe prolonge en un tuyau *h I* de deux pieds & demi, plus ou moins, de longueur. V V F F eft un grand feau de bois, ou mieux encore de métal, percé en K K, dans lequel on place le récipient G H, & on l'y affujettit de toutes parts avec du maftic ou de la foudure, fuivant qu'il eft de verre ou de métal: enfin, on recouvre le tout avec un grand récipient de verre *n* N *o o*, lequel doit être percé d'un petit trou en *n*. Ce récipient eft fupporté par un piédeftal compofé de quatre peti-

tes colonnes maintenues à une distance convenable, par le moyen de bandes de métal. Ces
colomnes font entaillées par le haut, pour recevoir les bords du récipient.

Pour faire ufage de cet appareil, on met dans
la cornue A les matieres fur lefquelles on veut
opérer ; on la lutte très-exactement en G G au
récipient G H avec du lut gras, de confiftence
un peu ferme : cette opération doit être faite
avec la plus grande attention, & il ne faut pas y
épargner le lut, parce qu'il eft extrémement
effentiel qu'il ne s'introduife pas la moindre par-
ticule d'air à-travers les jointures : on recouvre
ce lut avec une veffie mouillée que l'on affujettit
enfuite par un grand nombre de tours de ficelle
un peu ferrée. Il n'eft pas inutile d'avertir qu'a-
vant de paffer la ficelle fur le lut, il eft néceffaire que la veffie ait été préalablement liée fortement au-deffus & au-deffous de la jointure,
afin d'empêcher que le lut ne s'étende au-delà
de ce qu'il eft néceffaire, & ne fe dérobe à la
preffion de la ficelle.

Lorfque les vaiffeaux font ainfi luttés, on emplit d'eau le feau V V F F, enfuite on pompe
l'eau en fuçant par le trou n, & on l'oblige à
monter dans le récipient auffi haut qu'on le dé-

fire; on doit avoir foin de remplir le feau dans la proportion.

L'opération de la fuccion n'eft pas auffi aifé qu'on pourroit le penfer; elle devient même extrêmement pénible, lorfque la hauteur de l'eau approche de 28 ou de 30 pouces. Cette difficulté m'a paru affez réelle, pour devoir m'occuper à la lever, & j'y fuis parvenu en appliquant à cet appareil, la petite pompe repréfentée fig. 1. J'introduis fous le récipient n N o o, fig. 10. un fiphon ou tuyau de fer blanc E B C D, repréfenté féparément fig. 11. Son extrémité D eft proportionnée de maniere à s'ajufter très-exactement dans le tuyau SS, fig. 10. lequel eft garni d'un robinet R ; enfin, l'autre extrémité du même robinet s'ajufte en $S X$ avec le tuyau $X L$ de la pompe P. Lorfque les jointures $D S$ & $S X$ ont été exactement luttées avec du lut gras ou de la cire verte recouverte avec de la veffie de cochon mouillée & garnie de fil un peu fort, on ouvre le robinet R, on fait jouer le pifton Z, on pompe l'air contenu dans le récipient n N o o, & on parvient à élever commodément l'eau à la hauteur néceffaire.

C'eft fur les chaux de plomb que j'ai opéré, à l'aide de l'appareil que je viens de décrire, & la

réduction en eſt ſi facile , que je ne prévoyois
pas qu'il pût ſe trouver de difficulté dans l'exé-
cution ; j'en ai rencontré cependant de très-
réelles , par l'embarras du choix des cornues :
celles de verre ſont ſi ſuſceptibles d'être atta-
quées par les chaux de plomb , qu'elles ſe défor-
ment & ſe fondent avant que la rédaction ſoit
achevée. Celles de grès réſiſteroient mieux , mais
elles ont preſque toutes de petits trous imperceptibles à travers leſquels l'air pénètre de ſorte
qu'on ne peut preſque jamais être tranquille ſur
le ſuccès de l'opération.

Ces difficultés m'ont arrêté long temps , & ce
n'eſt que depuis que j'ai eſſayé de me procurer
des cornues de fer , que j'ai commencé à opérer
commodément. Comme les mêmes obſtacles que
j'ai rencontrés pourroient ſe préſenter à ceux
qui voudront opérer après moi , je vais entrer
dans quelque détail ſur la fabrication des cornues
dont je me ſuis ſervi.

On prend de la tôle la plus forte que l'on
puiſſe trouver ; on en forge un morceau en forme
de calotte A A B, fig. 12. pour former le fond
de la cornue ; on forme enſuite avec la même
tôle, trois viroles A A C C, C C D D, D D E,
dont les bords s'ajuſtent très exactement les uns

dans les autres ; on soude soigneusement avec du cuivre la jonction latérale de chaque virole ; enfin , on réunit chacune de ces viroles l'une à l'autre, & à la calotte A A B , avec la même foudure. Il n'y a uniquement de difficulté que pour celle de ces foudures qu'on réferve pour la derniere , parce qu'on eft obligé de la faire en-dehors, mais un Ouvrier adroit en vient aifément à bout, & on ne m'en a pas beaucoup manqué. Ces cornues peuvent rougir affez complettement, fans que les foudures fondent ; il faut feulement avoir foin , lorfqu'on emploie des matieres métalliques capables d'attaquer le cuivre , & de s'y unir , de n'emplir que la partie inférieure A A B de la cornue au-deffous de la foudure. On peut fe fervir un affez grand nombre de fois , de la même cornue, & ce n'eft que lorfque le fer s'eft brûlé & réduit en écailles , qu'on eft obligé de les rejetter. Quelque attention qu'apporte l'Ouvrier, il eft poffible qu'il refte à la foudure de petits trous imperceptibles par lefquels l'air pourroit s'introduire ; il ne s'agit pour les découvrir, que d'introduire un peu d'eau dans la cornue, & de la promener tout autour jufques à ce que les parois intérieures en foient mouillées dans toute leur furface ; fi l'on fouffle enfuite par l'ouverture E, le trou, s'il y en a un, s'annonce par un petit bouillonnement d'eau qui s'apperçoit & qui s'entend *.

Quelques longs que puissent paroître ces préliminaires, on jugera aisément qu'ils étoient indispensablement nécessaires pour l'intelligence des Expériences qui suivent ; j'ai préféré de les faire précéder, afin de moins couper l'attention du Lecteur.

EXPÉRIENCE II.

Faire la réduction du plomb par le feu des fourneaux dans un appareil propre à mesurer la quantité du fluide élastique dégagé.

PRÉPARATION DE L'EXPÉRIENCE.

J'ai mis dans la cornue de tôle A, fig. 10. six onces de minium & six gros de poudre de charbon passé au tamis de crin. On verra bientôt que cette quantité de charbon est beaucoup plus considérable qu'il ne faut pour opérer la réduction ; mais une circonstance rend cette proportion nécessaire lorsqu'on se sert de cornues de fer ;

---

* L'Ouvrier dont je me suis servi se nomme Delorme ; il demeure rue de Charonne, faubourg S. Antoine.

c'est qu'alors le plomb, après la réduction, reste en menues grenailles qui se trouvent mêlées avec la poudre de charbon, & que l'on fait sortir aisément de la cornue ; tandis qu'au contraire lorsqu'on n'emploie que la juste proportion de charbon nécessaire, le plomb se met en masse, & si on le fait refondre pour le faire sortir, il est à craindre, ou qu'il ne s'en incorpore quelque portion avec la soudure, ou qu'il n'en reste quelque peu dans la cornue ; on évite ces inconvéniens en employant plus de charbon qu'il ne faut.

J'ai lutté exactement comme il est dit ci-dessus la cornue A au récipient G H. J'ai élevé l'eau jusques en Y Y, enfin j'ai introduis une couche d'huile sur la surface de l'eau. Lorsque tout a été ainsi disposé, j'ai laissé l'appareil dans le même état jusques au lendemain pour m'assurer que l'air ne pénétroit d'aucun côté ; alors j'ai marqué avec une bande de papier la hauteur de l'eau en Y Y, & j'ai allumé du charbon dans le fourneau.

EFFET.

A mesure que les vaisseaux se sont échauffés, l'air qu'ils contenoient s'est dilaté, & l'eau est descendue en proportion ; mais cet effet a eu des bornes, & au bout de quelques temps la

dilatation s'eſt rallentie , & l'eau eſt preſque
demeurée ſtationnaire : lorſqu'enſuite le feu a
été aſſez augmenté pour faire rougir obſcuré-
ment le fond de la cornue, l'eau a commencé
tout-à-coup à deſcendre preſqu'à vue d'œil, à
raiſon de 12 à 15 pouces cubiques par minute ;
ſur la fin , le dégagement s'eſt rallenti : enfin ,
lorſqu'il a ceſſé entierement , j'ai arrêté le feu ,
& j'ai laiſſé refroidir parfaitement les vaiſſeaux.
Bientôt l'air contenu ſous le bocàl *n* N *o o* s'eſt
condenſé à meſure qu'il ſe refroidiſſoit, & l'eau
a remonté : lorſqu'elle a été abſolument fixée ,
j'ai marqué, avec une bande de papier , l'endroit
où elle s'étoit arrêtée, & j'ai encore laiſſé les
vaiſſeaux dans le même état pendant 48 heures ,
ſans qu'il y ait eu de variation ſenſible dans la
hauteur de l'eau ; le thermomètre, dans le laboratoire , étoit alors à 15 degrés $\frac{1}{2}$, & le baromètre à 28 pouces 1 ligne $\frac{1}{2}$.

Il ne s'agiſſoit plus que de déterminer la quantité de pouces cubes contenue entre les deux
bandes de papier, & c'eſt ce que j'ai fait de deux
maniéres. 1°. En déterminant par une meſure
exacte, & par le calcul, la ſolidité du cylindre.
2°. En empliſſant d'eau l'intervalle compris entre
les deux bandes de papier, & en déterminant le

poids & le volume de cette eau. Ces deux méthodes m'ont donné des réfultats affez exactement les mêmes, & la quantité de fluide élafti- que dégagé, s'eft trouvée par l'une & l'autre de 560 pouces cubiques. La quantité de plomb réfultant de cette réduction étoit environ de $\frac{3}{4}$ de pouce cube ; d'où il fuit que la chaux de plomb contient une quantité de fluide élaftique égale à 747 fois le volume du plomb qui a fervi à la former. Lorfque les vaiffeaux ont été défappa- reillés, j'ai fecoué la cornue, & j'en ai fait tom- ber le plomb ; il étoit en grenaille mêlé avec une quantité confidérable de poudre de charbon : l'ayant examiné avec attention, je n'ai pu y appercevoir aucune portion de minium non- réduit. Le poids de ce réfidu étoit de 5 onces 7 gros 66 grains. J'ai répété cette Expérience un très-grand nombre de fois, & les circonftan- ces en ont toujours été très-exactement les mêmes.

Réflexions.

Le poids des matieres employées dans cette Expérience étoit avant la réduction de 6 onces 6 gros ; il ne s'eft plus trouvé, après la réduc- tion que 5 onces 7 gros 66 grains ; d'où il fuit que la perte de poids a été de 6 gros 6 grains :

cependant la quantité de fluide élaſtique dégagé n'a été que de 560 pouces cubiques, & un pareil volume d'air de l'atmoſphere ne devoit peſer ce jour-là que 3 gros 41 grains; il eſt vrai que tout porte à croire que le fluide élaſtique des réductions métalliques, qui eſt le même que celui des efferveſcences, comme je le ferai voir dans la ſuite, eſt plus peſant que l'air de l'atmoſphere; on a même vu (Chapitre premier, page 187.) que ſa peſanteur pouvoit être évaluée à $\frac{575}{1000}$ le pouce cube; mais en partant même de cette derniere évaluation, 560 pouces cubiques de fluide élaſtique ne peſeroient encore que 4 gros 34 grains, & il reſteroit toujours un *deficit* de poids de 1 gros 44 grains.

Quelques gouttes de phlegme que j'avois conſtamment trouvé dans le récipient G H, fig. 10. dans toutes les réductions de chaux & de plomb que j'avois faites, me firent ſoupçonner qu'indépendamment du fluide élaſtique fixé, il exiſtoit une portion d'eau dans le minium; qu'elle s'en ſéparoit pendant la réduction, & qu'elle étoit probablement la cauſe de la perte de poids que j'avois obſervée; mais comme le récipient G H, fig. 10. étoit trop petit pour condenſer ſuffiſamment les vapeurs, je penſai

qu'il étoit à propos de répéter l'Expérience avec
un appareil diftillatoire ordinaire, en employant
un plus grand balon.

EXPÉRIENCE III.

*Déterminer la quantité d'eau qui fe dégage de la
réduction du minium par la poudre de charbon.*

J'ai employé dans cette Expérience, comme
dans la précédente, 6 onces de minium & 6
gros de charbon en poudre : le ballon étoit percé
d'un petit trou que j'ai été obligé de laiffer
ouvert pendant l'opération : le dégagement de
fluide élaftique s'eft fait avec fiflement, & pendant le commencement de la réduction, il a paffé
quelque peu d'eau dans le récipient. Le poids de
cette eau n'excédoit pas 24 grains ; elle confiftoit
en un phlegme infipide qui ne paroiffoit pas différer de l'eau diftillée.

RÉFLEXIONS.

Quoique le réfultat de cette Expérience ne
donne que 24 grains de phlegme, il eft cependant
probable qu'il s'en eft dégagé davantage, qu'une
partie a été emportée par le courant de fluide
élaftique, & s'eft diffipée en vapeurs par la tubu-

lure du récipient : d'un autre côté, il est possible que le fluide élastique dégagé du minium soit un peu plus pesant que celui dégagé des effervescences, & il est très-probable que c'est à l'une de ces deux causes que tient le *deficit* de poids observé dans l'Expérience II.

Je m'étois proposé d'abord pour éclaircir ce point, de déterminer le rapport de pesanteur des différens fluides élastiques qui se dégagent des corps, & de les comparer à celles de l'air de l'atmosphère ; mais les différens appareils nécessaires pour remplir cet objet n'ayant pu être achevés à temps, je n'ai pas cru devoir différer pour cela la publication de cet Ouvrage, j'aurai, d'ailleurs, plus d'une fois occasion de revenir sur cet objet.

La quantité de poudre de charbon employée dans l'Expérience II, étoit de 6 gros, la quantité de fluide élastique obtenue pendaut la réduction, n'a pas excédé 4 gros ou 4 gros $\frac{1}{2}$ tout au plus. Le poids du fluide élastique dégagé étoit donc beaucoup moindre que celui du charbon employé, & on pouvoit m'objecter que la quantité de fluide élastique dégagé pouvoit aussi bien venir du charbon, que de la chaux métallique. Pour prévenir cette objection, j'ai fait l'Expérience qui suit.

EXPÉRIENCE IV.

Séparer d'avec le plomb la portion de charbon qui reste après la réduction.

J'ai mis dans une cuilliere de fer le résidu de l'Expérience II. (On se rappelle qu'il étoit composé de grenaille de plomb & de poudre de charbon, & que son poids étoit de 5 onces 7 gros 66 grains.) Si-tôt que la poudre de charbon a commencé à s'échauffer, elle s'est allumée, & s'est consommée peu-à-peu ; après quoi il ne m'est plus resté qu'un culot de plomb & un peu de chaux de ce même métal qui s'é-toit reformé pendant la combustion du charbon. La totalité du plomb réunie pesoit à très-peu près 5 onces 3 gros 12 grains. Je dis à très peu près, parce que, pour peu qu'on ne pousse pas l'opération jusques à sa fin, il reste un peu de charbon non brûlé ; de l'autre, au contraire, pour peu qu'on la pousse trop loin, une partie du plomb se recalcine & augmente de poids : cette circonstance jette environ une douzaine de grains d'incertitude sur le résultat ; aussi n'est-ce qu'en repétant plusieurs fois l'Expérience, & en m'arrêtant au moindre poids, que je l'ai fixé tel qu'il est ici.

RÉFLEXIONS.

RÉFLEXIONS.

Il suit de cette Expérience, 1°. que le rapport de pesanteur du plomb au minium est comme 5 onces 3 gros 12 grains à 6 onces ; c'est-à-dire, qu'avec 100 livres de plomb, on peut faire 111 livres 10 onces de minium, ou ce qui est encore la même chose, que 100 livres de minium contiennent 89 livres 9 onces de plomb ; 2°. que les 5 onces 7 gros 66 grains restantes dans la cornue, Expérience II, après la réduction étoient un composé de 5 onces 3 gros 12 grains de plomb & de 4 gros 54 grains de charbon : la réduction n'avoit donc réellement employé qu'un gros 18 grains de charbon : mais la quantité de fluide élastique dégagé dans l'Expérience II, en mettant tout au plus bas, pesoit au moins 3 gros $\frac{1}{2}$; elle n'avoit donc pu être fournie par 1 gros $\frac{1}{4}$ de charbon, & il s'ensuit que c'est nécessairement aux dépens du minium, que la plus grande partie du fluide élastique a été fournie.

Quelque concluante que fût cette Expérience, je ne m'en suis pas contenté, & j'ai cru devoir m'attacher sur-tout à examiner si le charbon seul ne donnoit pas, à un même dégré de feu, un fluide élastique semblable à celui que j'avois

S

obtenu de la réduction du minium ; c'est-là l'objet que je me suis proposé dans l'Expérience qui suit.

EXPÉRIENCE V.

Calciner à grand feu du charbon en poudre seul dans un appareil propre à mesurer la quantité de fluide élastique dégagé.

PRÉPARATION DE L'EXPÉRIENCE.

J'ai fait courber un canon de fusil neuf & bien nettoyé en dedans ; j'en ai fait boucher la lumiere & la culasse , & j'ai fait recouvrir l'une & l'autre avec un morceau de fer , soudé à chaud , afin d'être encore plus assuré que tout accès étoit exactement fermé à l'air extérieur. J'y ai introduit deux gros de la même braise de Boulanger en poudre qui m'avoit servi dans les Expériences I & II, & je l'ai adapté à l'appareil de la fig. 10, à laquelle j'ai été obligé de faire, à cette occasion, quelques légers changemens dont il seroit superflu de rendre compte : j'ai ensuite lutté très-exactement toutes les jointures , comme à l'ordinaire ; j'ai élevé l'eau dans le bocal NN*oo*; je l'ai recouverte d'une petite couche d'huile , & après m'être assuré que l'air ne pénétroit d'aucun

Côté, j'ai marqué la hauteur *y y* de l'eau ; enfin j'ai allumé un feu très-vif autour du canon de fufil, & je l'ai tenu rouge blanc pendant une heure.

E F F E T.

Il y a d'abord eu dilatation de l'air par la chaleur comme à l'ordinaire, & la furface de l'eau s'eft abbaiffée en proportion ; mais lorfque le feu a été éteint, elle a remonté peu-à-peu, & lorfque le canon de fufil a été entierement refroidi, elle eft revenue prefque jufques au point d'où elle étoit partie ; il s'eft trouvé feulement une production d'air de 13 pouces cubiques, laquelle, au bout de deux jours, étoit réduite à 8. La poudre de charbon pefée à la fin de cette Expérience, n'avoit perdu que 6 grains, encore eft-il probable qu'il en reftoit quelque portion attachée au canon de fufil.

R É F L E X I O N S.

Le feu, dans cette opération, a été infiniment plus fort, & plus long-temps continué qu'il n'eft néceffaire pour une réduction de chaux de plomb ; cependant la production d'air a été prefque nulle, d'où il fuit que l'air obtenu dans les Expériences I & II, n'étoit pas feulement un effet de la calcination du charbon, qu'il étoit au contraire le produit de la réduction.

J'ai annoncé que j'avois employé dans cette Expérience un canon de fufil neuf & bien nettoyé en dedans, & cette circonftance eft très-remarquable, parce que les phénomènes font tout différens lorfqu'on emploie un canon rouillé en dedans : on obtient alors un peu d'eau & une production de fluide élaftique d'autant plus confidérable que le canon étoit plus rouillé ; mais il eft fenfible, d'après l'Expérience précédente, que ces produits appartiennent à la chaux de fer qui fe réduit & non pas au charbon. Il m'eft arrivé quelquefois avec des canons de fufil très-rouillés, de retirer jufques à 80 & 100 pouces cubiques de fluide élaftique la premiere fois que je m'en fervois. Je ne fais qu'indiquer ici cette Expérience me réfervant de donner dans la fuite différens détails qui y font relatifs.

On pourroit peut-être foupçonner que le canon de fufil que j'ai employé dans l'Expérience V, quoique neuf & bien nettoyé, contenoit encore de la rouille, & que c'eft à cette circonftance que tenoit le dégagement de 8 pouces de fluide élaftique que j'ai obfervé : je me fuis convaincu du contraire en répétant la même

Expérience dans le même canon de fufil & avec
de nouvelle poudre de charbon ; il eft clair que
fi le fluide élaftique eût été produit dans l'Expérience précédente par la réduction de la
rouille de fer du canon, ce dégagement n'auroit plus dû avoir lieu dans la feconde Expérience : cependant, par le fait, la quantité de fluide élaftique a été cette derniere fois de 12 pouces au moins, c'eft-à-dire, un peu plus grande
qu'elle n'avoit été la premiere fois ; d'où il paroît
prouvé que le dégagement appartenoit au charbon.

La diminution de poids dans cette Expérience
a été de 8 grains.

EXPÉRIENCE VI.

Réduction du minium dans un canon de fufil.

PRÉPARATION DE L'EXPÉRIENCE.

J'ai pris le même charbon qui venoit d'être fi
fortement calciné dans l'Expérience précédente ;
j'y ai mêlé 4 onces de minium, & j'ai remis le
tout dans le même canon de fufil qui m'avoit
fervi dans les deux calcinations précédentes. Je
l'ai adapté à l'appareil de la fig. 10. & j'ai tout
difpofé de la même maniere que dans l'Expé-

rience V ; enfin, j'ai allumé du feu dans le fourneau.

E F F E T.

Dès que le canon de fusil a commencé à rougir obscurément, le dégagement de fluide élastique s'est fait avec une si grande rapidité, que l'eau
descendoit à vue d'œil dans le récipient N N o o,
fig. 10. Le dégagement fini, j'ai continué de pouf-
fer le feu, mais il n'y a plus eu d'abaissement sensible. Lorsque ensuite les vaisseaux ont été refroidis, j'ai mesuré la quantité de fluide élastique dégagé ; elle s'est trouvée de 360 pouces cubiques ;
c'est-à-dire, de 90 pouces par chaque once de
minium. On vient de voir ci-dessus, Expérience
III, que 6 onces de minium avoient donné un
dégagement de fluide élastique de 560 pouces
cubiques ; c'est un peu plus de 93 pouces par
chaque once ; d'où l'on voit qu'il se trouve un
accord presque parfait entre les résultats de ces
deux Expériences. Comme dans l'opération dont
je rends compte ici, le charbon avoit été fortement calciné une seconde fois avant d'être combiné avec le minium, les résultats de cette Expérience paroissent mériter quelque degré de confiance de plus que ceux de l'Expérience III.

RÉFLEXIONS.

Il paroît prouvé, d'après ces Expériences, que ce n'eſt point le charbon ſeul qui produit le dégagement de fluide élaſtique, obſervé dans les Expériences I & II ; ce n'eſt point non plus le minium ſeul, puiſque d'après les Expériences de M. Hales, (Voyez page 24.) il ne donne que très-peu d'air : la majeure partie du fluide élaſtique dégagé réſulte donc de l'union du charbon en poudre avec le minium. Cette derniere obſervation nous conduit inſenſiblement à des réflexions très-importantes ſur l'uſage du charbon & des matieres charbonneuſes en général dans les réductions métalliques. Servent-elles, comme le penſent les diſciples de M. Stalh, à rendre au métal le phlogiſtique qu'il a perdu ? ou bien ces matieres entrent-elles dans la compoſition même du fluide élaſtique ? c'eſt ſur quoi il me ſemble que l'état actuel de nos connoiſſances ne nous permet pas encore de prononcer.

S'il étoit permis de ſe livrer aux conjectures, je dirois que quelques Expériences, qui ne ſont pas aſſez complettes pour pouvoir être ſoumiſes aux yeux du Public, me portent à croire

que tout fluide élastique résulte de la combinaison d'un corps quelconque solide ou fluide,
avec un principe inflammable, ou peut être même avec la matiere du feu pur, & que c'est de
cette combinaison que dépend l'état d'élasticité :
j'ajouterois que la substance fixée dans les chaux
métalliques & qui en augmente le poids ne seroit
pas, à proprement parler, dans cette hypothèse
un fluide élastique ; mais la partie fixe d'un fluide élastique, qui a été dépouillé de son principe inflammable. Le charbon alors, ainsi que
toutes substances charbonneuses employées dans
les réductions, auroit, pour objet principal, de
rendre au fluide élastique fixé le phlogistique,
la matiere du feu, & de lui restituer en même
temps l'élasticité qui en dépend.

Ce sentiment, quelqu'éloigné qu'il paroisse à
celui de M. Stalh, n'est peut-être pas cependant
incompatible avec lui : il est possible que l'addition du charbon, dans les réductions métalliques, remplisse en même temps deux objets :
1°. Celui de rendre au métal le principe inflammable qu'il a perdu. 2°. Celui de rendre au
fluide élastique fixé dans la chaux métallique le
principe qui constitue son élasticité. Au surplus, je le répete encore, ce n'est qu'avec la

plus grande circonfpection qu'on peut hafarder un fentiment fur une matiere fi délicate & fi difficile, & qui tient de très-près à une plus obfcure encore, je veux dire à la nature des élé-mens même, ou au moins de ce que nous regar-dons comme les élémens. C'eft au temps feul & à l'expérience, qu'il appartiendra de fixer nos opinions.

CHAPITRE VI.

De la combinaison du fluide élastique avec les substances métalliques, par la calcination.

JE n'ai jusques ici prouvé l'existence d'un fluide élastique fixé dans les chaux métalliques, que par le dégagement qui a lieu dans le moment de la réduction. Quoique les Expériences que j'ai rapportées, paroissent à cet égard de nature à ne laisser aucun doute, il faut avouer néanmoins qu'on ne parvient à convaincre en Physique, qu'autant qu'on arrive au même but par des routes différentes.

Je vais faire voir en conséquence dans le cours de ce Chapitre, que de même que toutes les fois qu'une chaux métallique passe de l'état de chaux à l'état de métal, il y a dégagement de fluide élastique ; de même aussi toutes les fois qu'un métal passe de l'état de métal à celui de chaux, il y a absorbtion de ce même fluide, & que la calcination même est à-peu-près proportionnelle à la quantité de cette absorbtion.

EXPÉRIENCE PREMIERE.

Calcination du plomb au verre ardent fous une cloche de criftal renverfée dans de l'eau.

PRÉPARATION DE L'EXPÉRIENCE.

J'ai mis dans l'appareil repréfenté fig. 8 , 3 gros de plomb en lames roulées, & je les ai expofées au foyer de la grande lentille de Tchirnaufen de 33 pouces de diamètre, dont j'ai déjà parlé plus haut. Le foyer de cette lentille étoit rétréci & raccourci par le moyen d'une feconde qui avoit été ajoutée à la premiere à une diftance convenable. Un morceau de grès dur de la nature de ceux qu'on emploie pour le pavé de Paris , fervoit de fupport au plomb , il étoit creufé dans le milieu, pour l'empêcher de couler lorfqu'il feroit fondu.

EFFET.

Le plomb a fondu au même inftant qu'il a été préfenté au foyer ; il a commencé bientôt après de s'en élever une fumée blanchâtre qui s'eft raffemblée fur les parois intérieures de la cloche, & qui y a formé un dépôt jaunâtre. En même temps, il s'eft formé à la furface du plomb une légere couche de chaux qui, par le progrès de la calcination, a pris une couleur jaune de maſ-ſicot. Ces différens effets ont eu lieu pendant les cinq premieres minutes, après quoi, ayant con-tinué de tenir exactement le plomb au foyer, j'ai vu avec ſurpriſe que la calcination n'avoit plus lieu. J'ai perſiſté pendant une demie heure à ſuivre cette Expérience, ſans que je me ſois apperçu que la couche de chaux formée ſur le plomb ait augmenté de la moindre choſe. On conçoit que l'air contenu ſous la cloche devoit être fort échauffée, & que, par ſa dilatation, il devoit avoir fait baiſſer la ſurface G H de l'eau; mais à meſure que les vaiſſeaux ſe ſont refroidis, elle a remonté, & enfin lorſque tout l'appareil a été ramené au même degré de température qu'avant l'opération, il s'eſt trouvé une diminu-tion dans le volume de l'air de 7 pouces cubes environ.

Le plomb, ayant été retiré, s'eſt trouvé tout auſſi malléable qu'avant l'opération, à la petite couche près de chaux dont il étoit recouvert, mais qui étoit extrêmement mince. Il avoit perdu près d'un demi-grain de ſon poids, mais il étoit évident, par l'inſpection des fleurs jaunes qui tapiſſoient le dôme de la cloche, que cette dimi-

nution venoit de l'évaporation, & qu'en rapprochant leur poids de celui du plomb, il y auroit
eu une augmentation de plusieurs grains.

EXPÉRIENCE II.

Calcination de l'étain.

J'ai exposé au foyer de la même lentille, &
sous le même appareil, 2 gros d'étain : la calcination a été plus difficile encore que celle du
plomb ; le métal s'est couvert d'une petite couche
de chaux, mais infiniment mince ; il y a eu un
peu de fumée. J'ai continué l'operation pendant
vingt minutes, sans m'appercevoir que la calcination fît aucun progrès. Lorsque les vaisseaux
ont eu repris la même température qu'avant
l'Expérience, il ne s'est trouvé qu'une diminution insensible dans le volume de l'air ; l'étain,
ayant été repesé, avoit augmenté d'un huitiéme
de grain environ ; du reste il étoit malléable
comme avant l'opération, & n'avoit qu'une couche extrêmement mince de chaux à sa surface.

EXPÉRIENCE III.

Calcination d'un alliage de plomb & d'étain.

J'ai voulu essayer si la calcination de l'étain
& du plomb mêlés ensemble ne s'opéreroit pas

avec plus de facilité ; j'ai compofé en conféquence un alliage de parties égales de plomb & d'étain, & j'en ai expofé deux gros au foyer du verre ardent ; la cloche n'avoit tout au plus que moitié de la capacité de celle de l'Expérience premiere de ce Chapitre, & n'avoit que 5 pouces $\frac{1}{2}$ de diametre.

Les matieres fe font fondues fur le champ ; il s'en eft élevé beaucoup de fumée blanche, dont partie s'eft attachée à la partie fupérieure de la cloche, partie s'eft dépofée fur la furface de l'huile. L'opération a été continuée pendant vingt minutes, après quoi la calcination paroiffoit beaucoup plus avancée que dans les Expérien-ces précédentes, il y avoit même des efpèces de végétation à la furface : les vaiffeaux refroidis, il s'eft trouvé une diminution de 5 à 6 pouces cubes dans le volume de l'air, la cloche conte-noit une grande quantité de fleurs, & le bouton d'étain & de plomb étoit diminué de 4 grains : il y a apparence qu'on les auroit retrouvés & au-delà dans la portion qui s'étoit fublimée. Quoi-que la calcination fût un peu plus avancée dans cette Expérience, que dans les précédentes, cependant la plus grande partie de l'alliage étoit encore malléable, & dans l'état métallique.

Les Expériences précédentes, quoique confir-
matives de celles faites dans le Chapitre V, me
laiſſoient encore cependant quelque inquiétude.
1°. Parce que la ſurface de l'huile renfermée ſous
la cloche ſe trouvant expoſée à un dégré de
chaleur aſſez conſidérable, il étoit poſſible qu'elle produiſît de l'air pendant la calcination, ou
qu'elle en abſorbât. 2°. Parce que la chaleur du
foyer étant trop violente, elle volatiliſoit le
plomb & l'étain, à meſure qu'ils ſe calcinoient,
de ſorte que je ne pouvois obtenir aucun réſultat
fixe ſur l'augmention de peſanteur de ces métaux.
J'ai cherché à remédier à ces deux inconvéniens
dans l'Expérience qui ſuit.

EXPÉRIENCE IV.

*Calcination du plomb ſous un vaſe de criſtal renverſé
dans du mercure.*

PRÉPARATION DE L'EXPÉRIENCE.

Je me ſuis ſervi d'un appareil à-peu-près
ſemblable à celui repréſenté par la figure 8 : il
en différoit cependant, 1°. en ce qu'à la place
de la capſule ou cuvette B D C E, j'avois employé une forte terrine de terre cuite & vernif-
ſée. 2°. En ce qu'au lieu de l'emplir d'eau, j'y

avois verſé 80 livres de mercure. 3°. Enfin, en ce qu'à la cloche F G H, j'avois ſubſtitué une cucurbite de verre ſans pontis. L'objet de ce dernier changement étoit d'avoir un vaſe de la même capacité que la cloche, mais dont l'ouverture fût plus étroite, afin d'employer moins de mercure. Ces diſpoſitions faites, j'ai placé ſur la colomne I K, un grès creuſé, contenant 3 gros de plomb : le creux du grès avoit un bon pouce de diametre, & 4 lignes environ de profondeur; il étoit plat par le fond, afin que le métal préſentât plus de ſurface aux rayons ſolaires; j'ai enſuite recouvert le tout avec la cucurbite de verre, qui me tenoit lieu de cloche; j'ai élevé le mercure avec le ſiphon L M, juſques à la hauteur G H; j'ai très-ſoigneuſement marqué le point auquel répondoit ſa ſurface avec une bande de papier qui faiſoit preſque le tour du vaſe; enfin, j'ai préſenté tout l'appareil au grand verre ardent, en obſervant que le plomb fût à un bon pouce du véritable foyer, & qu'il n'éprouvât qu'une chaleur peu ſupérieure à celle néceſſaire pour le faire fondre.

EFFET.

Au même inſtant que le plomb a fondu, quoiqu'il eût été tiré du centre d'un gros morceau,

qu'il

qu'il fût brillant fur toutes fes faces, & qu'il n'eût pas la moindre apparence de craffe, il s'eft formé cependant fur le champ une pellicule à fa furface. Par le progrès de la calcination, cette pellicule eft devenue jaune de mafficot; il s'y eft fait des rides dans le fens du méridien ; après quoi, au bout de 10 ou 12 minutes, la calcination s'eft arrêtée, & on n'a plus obfervé d'effet fenfible ; il arrivoit feulement que dans les inftans où la chaleur étoit un peu plus vive, le mafficot fondoit en quelques endroits & formoit un verre jaunâtre ; il s'élevoit enfuite des portions ainfi vitrifiées, une fumée affez abondante qui terniffoit le haut de la cucurbite. Je m'oppofois, autant qu'il étoit poffible, à cette évaporation en éloignant de plus en plus le plomb du vrai foyer de la lentille.

Le plomb a été ainfi expofé à l'effet du grand verre brûlant pendant une heure quarante-cinq minutes ; mais comme, pendant cet intervalle, le Soleil a été de temps en temps obfcurci par de petits nuages, il ne faut guères compter que fur une heure quinze minutes de véritable effet.

L'opération finie, & les vaiffeaux parfaitement refroidis la furface du mercure s'eft trouvée re

montée de 2 lignes & demie au-deſſus de ſon niveau : le diamètre de la cucurbite en cet endroit
étoit de 4 pouces $\frac{8}{10}$, ce qui donne 3 pouces
cubiques $\frac{3}{4}$ pour la quantité d'air abſorbée. Le
plomb ayant été ſoigneuſement détaché du ſup-
port de grès, s'eſt trouvé peſer 3 gros 1 grain $\frac{3}{4}$:
j'ai évalué à $\frac{3}{4}$ de grain environ les vapeurs jaunâ-
tres attachées aux parois de la cucurbite ; l'augmentation totale du poids pendant la calcination
avoit donc été de 2 grains $\frac{1}{2}$ environ, c'eſt-à-
dire de $\frac{2}{3}$ de grain par chaque pouce d'air. Il en
réſulte que la quantité de l'abſorbtion eſt aſſez
exactement proportionnelle à l'augmentation du
poids de la chaux métallique.

La partie vuide de la cucurbite, autrement
dit, le volume d'air dans lequel s'eſt faite la calcination étoit de 75 pouces cubiques ; d'où il
ſuit que l'abſorbtion a été préciſément d'un
vingtiéme.

EXPÉRIENCE V.

Effet de l'air dans lequel on a calciné du plomb, ſur
les corps enflammés.

J'ai calciné comme dans l'Expérience précédente, & dans le même appareil, trois gros de

plomb. L'opération finie, j'ai retourné brusque-
ment la cucurbite F G H fig. 8, je l'ai tournée
de maniere que son ouverture fût dirigée vers le
haut, & j'y ai introduit sur le champ une bougie : elle y a brûlé assez bien dans le premier instant, mais insensiblement elle a commencé à
languir, & elle s'est éteinte au bout d'une minute environ.

EXPÉRIENCE VI.

Effet de l'air dans lequel on a calciné les métaux,
sur l'eau de chaux.

J'ai opéré dans cette Expérience de la même
maniere que dans la précédente, avec cette différence seulement, qu'au lieu d'introduire une
bougie dans la cucurbite, j'y ai versé de l'eau
de chaux : j'ai ensuite bouché son ouverture, &
j'ai agité fortement : l'eau de chaux a pris un
petit coup d'œil louche presqu'imperceptible,
mais il n'y a point eu de précipitation.

RÉFLEXIONS.

Il résulte de ces deux Expériences, que l'air
dans lequel on a calciné des métaux, n'est point
dans le même état que celui dégagé des effervescences & des réductions métalliques.

EXPÉRIENCE VII.

Calcination du fer par la voie humide.

J'ai mis dans une capſule de verre 4 onces de limaille de fer que j'ai humectées avec un peu d'eau diſtillée, & j'ai recouvert le tout avec une cloche de verre, dont la partie vuide étoit environ de 200 pouces cubiques de capacité. Pendant les premiers jours, il n'y a pas eu d'effet ſenſible ; la limaille de fer la plus fine nageoit ſur la ſurface de l'eau ſans ſe réduire en rouille, le reſte étoit au fond. Au bout de huit jours, il y avoit un peu de rouille de formée, & la diminution du volume de l'air étoit de 6 ou 8 pouces ; au bout de quinze jours, elle l'étoit de 15 pouces ; au bout d'un mois, de 36 ; enfin au bout de deux mois, elle a été portée juſqu'à 50 pouces environ ; ce terme a été celui auquel l'abſorbtion a ceſſé d'avoir lieu, car au bout de ſept mois, l'appareil étoit encore dans le même état, & l'abſorbtion n'avoit pas augmenté de la moindre choſe.

CONCLUSION DE CE CHAPITRE.

Il réſulte de ces Expériences : 1°. Que la calcination des métaux, lorſqu'ils ſont renfermés dans une portion d'air contenue sous une cloche de verre, ne se fait pas, à beaucoup près, avec autant de facilité qu'à l'air libre.

2°. Que cette calcination même a des bornes ; c'est-à-dire, que lorsqu'une certaine portion de métal a été réduite en chaux dans une quantité donnée d'air, il n'est plus possible de porter au-delà la calcination dans le même air.

3°. Qu'à mesure que la calcination s'opere, il y a une diminution dans le volume de l'air, & que cette diminution est à-peu-près proportion-nelle à l'augmentation de poids de métal.

4°. Qu'en rapprochant ces faits de ceux rap-portés dans le Chapitre précédent , il paroît prouvé qu'il se combine avec les métaux pendant leur calcination un fluide élastique qui se fixe, & que c'est à cette fixation qu'est dûe leur aug-mentation de poids.

5°. Que plusieurs circonstances sembleroient porter à croire que tout l'air que nous respirons n'est pas propre à se fixer pour entrer dans la combinaison des chaux métalliques ; mais qu'il existe dans l'atmosphere un fluide élastique parti-culier qui se trouve mêlé avec l'air, & que c'est au moment où la quantité de ce fluide contenue sous la cloche est épuisée, que la calcination ne

peut plus avoir lieu. Les Expériences que je rap-
porterai dans le Chapitre IX, donneront quelques degrés de probabilité de plus à cette opinion.

Les Expériences, dont je viens de rendre
compte, sembleroient encore conduire aux deux
conséquences qui suivent : 1°. que la calcination
des métaux ne peut avoir lieu dans des vaisseaux
exactement fermés, ou au moins qu'elle ne peut
y avoir lieu qu'en raison de la portion d'air
fixable qui y est renfermée : 2°. que dans le
cas où la calcination pourroit s'opérer dans des
vaisseaux exactement fermés & privés d'air, elle
devroit alors se faire sans augmentation de poids,
& par conséquent avec des circonstances fort différentes de celles qui s'observent dans les calcinations faites dans l'air.

La suite d'Expériences que Messieurs Darcet
& Rouelle ont annoncé dans un Mémoire inséré
dans le Journal de Médecine du mois de Janvier
dernier sur la calcination des métaux dans des
vaisseaux de porcelaine exactement fermés, jet-
tera sans doute une grande lumiere sur cet objet.
Peut-être cette calcination ne sera-t-elle qu'une
simple privation de phlogistique dans le sens que
Stalh l'entendoit. Quoi qu'il en soit, les Sçavans

ne peuvent qu'attendre avec beaucoup d'impatience la publication de ces Expériences, & la réputation que ces deux Chymistes se sont justement acquise, répond suffisamment de l'exactitude qu'on doit en attendre.

Nota. Je n'avois point de connoissance des Expériences de M. Priestley, lorsque je me suis occupé de celles rapportées dans ce Chapitre. Il a observé comme moi & avant moi, ainsi qu'on l'a vu dans la première Partie de cet Ouvrage, qu'il y avoit une diminution dans le volume de l'air pendant la calcination des métaux : cette diminution, dans quelques Expériences, a été jusques au cinquiéme, même au quart du volume de l'air qu'il avoit employé. Quoique je me sois servi de la lentille la plus forte connue, je n'ai pu porter cette diminution au-delà d'un seiziéme par la voie seche. Cette circonstance me porteroit à soupçonner que le fluide élastique fixable répandu dans l'air y est peut-être plus abondant dans un temps ou dans un lieu que dans un autre, qu'il se trouve mêlé dans une plus grande proportion avec l'air atmosphérique dans les lieux habités, dans nos laboratoires, &c. que dans les plaines, les jardins, & en général dans les endroits où l'air est perpétuellement renouvellé. Au reste, M. Priestley s'est persuadé que la diminution du volume de l'air qu'il a observé venoit d'une surabondance de phlogistique qui lui étoit fourni par la calcination du métal, & il ne paroît pas avoir soupçonné que la calcination elle-même fût une absorbtion, une fixation du fluide élastique.

T iv

CHAPITRE VII.

Expériences sur le fluide élastique dégagé des effervescences, & des réductions métalliques.

APRÈS avoir fait voir qu'il se dégage de la réduction du minium un fluide élastique très-abondant, il me reste à donner quelques Expériences sur la nature de ce fluide, & sur-tout à prouver sa parfaite identité avec celui dégagé des effervescences ; mais avant que d'entrer dans le détail des Expériences, qui me serviront de preuve, je crois devoir les faire précéder ici de quelques descriptions préliminaires.

Appareil propre à obtenir le fluide élastique des effervescences aussi pur qu'il est possible, sans se servir de vessie.

Cet appareil est représenté fig. 13. A C B est une bouteille de la contenance d'environ deux pintes tubulées en E, la même dont la description a été donnée plus haut, fig. 4. (Voyez page 203.) On met dans cette bouteille de la craie en poudre groffiere jufques au tiers, ou jufques à moitié tout au plus de fa capacité, & on y lutte l'entonnoir G de la même maniere que dans les figures 5 & 7.

On emplit d'un autre côté d'eau pure une bouteille O ; on la renverfe dans un feau de fayance V V F F également plein d'eau, & on la pbfe fur un petit guéridon ou trépied de bois trôné dans fon milieu, & qui doit être lefté avec du plomb pour éviter qu'il ne furnage ; on éta-blit enfuite la communication entre la bouteille A & la bouteille O, par le moyen des deux tuyaux coudés E I & T X L M.

S S eft un tuyau qui s'ajufte à frottement avec beaucoup d'exactitude aux deux tubes I E & T X. Ce tuyau S S a un robinet en R, qui s'ouvre & fe ferme à volonté.

Lorfque toutes les jointures ont été exacte-ment luttées avec du lut gras recouvert de veffies mouillées, on introduit dans la bouteille A, par l'entonnoir G, affez d'acide vitriolique affoibli pour produire une quantité de fluide élaftique au moins capable de remplir le vuide des vaif-feaux, & de chaffer l'air commun qui s'y ren-contre. Cela fait, on bouche l'orifice de l'enton-noir, avec le bouchon P, fig. 5 ; on l'emplit d'acide vitriolique affoibli ; après quoi, au moyen du petit bâton O P qui tient au bouchon P, on laiſſe entrer dans la bouteille A, la quantité d'acide vitriolique néceſſaire : on ne doit pas oublier, en même temps, d'ouvrir le robinet R.

A meſure que le fluide élaſtique eſt dégagé de la craie dans la bouteille A, il paſſe dans la bouteille O, laquelle ſe vuide d'eau dans la proportion. Il eſt néceſſaire, dans quelques Expériences, d'introduire dans la bouteille O une petite couche d'huile qui nage à la ſurface de l'eau, & qui empêche que le fluide élaſtique n'ait un libre contact avec elle.

Maniere de conſerver le fluide élaſtique en bouteilles auſſi long-temps qu'on le veut.

Quand toute l'eau de la bouteille O, fig. 13. a été déplacée par le fluide élaſtique, & qu'il ne reſte plus qu'une petite couche d'huile dans le gouleau, on en dégage l'extrémité M du ſiphon T X L M, on la bouche ſous l'eau avec un bouchon de liége, & on la tranſporte enſuite partout où on le juge à propos. Le fluide élaſtique peut ſe conſerver très long-temps dans cet état. Cependant lorſqu'on veut le garder d'une ſaiſon à l'autre, & lui faire ſubir des alternatives de chaud & de froid, il est nécessaire de prendre quelques précautions de plus ; cet air étant, en effet, susceptible de se condenser par le froid comme celui de l'atmosphère, l'air extérieur, lorsque la température devient plus froide, presse sur le bouchon, & il est difficile qu'il ne parvienne, avec le temps, à s'introduire dans la bouteille, & à se mêler avec le fluide élastique qui y est contenu. Il est aisé d'éviter ce mélange des deux airs, en plongeant les bouteilles remplies de fluide élastique le col en bas, soit dans une terrine, soit même dans un bocal plein d'eau, comme on le voit représenté fig. 14. dans les Expériences où l'on ne craint pas la petite perte de fluide élastique causée par l'absorbtion de l'eau, on peut se dispenser de laisser une couche d'huile dans le col de la bouteille ; cette précaution même pourroit devenir nuisible, dans le cas où l'on voudroit conserver le fluide élastique pendant un temps très-considérable, parce que l'huile étant susceptible de fermenter & de se corrompre, elle pourroit produire des phénomènes particuliers. Il est nécessaire alors de laisser une petite couche d'eau dans le gouleau de la bouteille à la place de la couche d'huile.

Maniere de faire passer le fluide élastique d'un vase dans un autre.

Soit le récipient *n* N O O fig. 10. qui contienne une certaine quantité de fluide élastique qu'on ait besoin de faire passer dans un bocal, dans une bouteille, ou dans un autre vase quelconque : on établit au moyen du tuyau récourbé E B C D, & le tuyau *S S* garni de son robinet R, une communication entre l'intérieur du récipient *n* N O O, & le corps de pompe P. On établit également par le moyen du tuyau *S S* garni de son robinet R, & de celui *t x l m* même communication entre la pompe P & le vase Q, lequel doit être exactement rempli d'eau ; enfin, on fait jouer le piston Z de la pompe P. A chaque levée de piston, l'air du récipient *n* N O O passe dans le corps de pompe P, il est ensuite refoulé & obligé de passer dans le vase Q, dont à mesure il déplace l'eau. Si le vase dont on se sert est une bouteille, on peut la boucher sous l'eau, & con-server le fluide élastique, de la maniere qu'on vient de l'indiquer.

Description d'un appareil propre à faire passer un fluide élastique à travers telle liqueur qu'on voudra, & à le recueillir ensuite pour l'examiner.

Cet appareil représenté fig. 15. ne differe de celui de l'Expérience précédente, que par les bouteilles p' p'' p''', lesquelles font placées entre le corps de pompe P P, & le feau $n\,n\,f\,f$. ces bouteilles font femblables en tout à celle repréfentée fig. 4. On les emplit d'eau de chaux, ou de telle autre liqueur, à travers laquelle on veut faire paffer le fluide élastique : on établit communication de la pompe P P à la premiere par le moyen d'un tuyau coudé m' p' repréfenté féparément fig. 16. Enfin, lorfque par le jeu du pifton Z, le fluide élastique a paffé dans le corps de pompe P, & qu'il eft enfuite refoulé, il eft néceffairement obligé d'enfiler le tuyau m' p', & de bouillonner dans la liqueur contenue dans la bouteille p'; la preffion l'oblige enfuite de continuer fa route & de bouillonner fucceffivement de la même maniere dans chacune des bouteilles p'' p''', & en auffi grand nombre qu'on le jugera à propos, jufques à ce qu'enfin tout l'air qui n'a pu être abforbé par le fluide élastique paffe dans la bouteille ou bocal Q.

par le moyen d'un tuyau *t x l m* repréfenté féparément fig. 17.

Les différens appareils que je viens de décrire, changés & modifiés de différentes façons, ont fuffi pour prefque toutes les Expériences que j'ai été obligé de faire fur le fluide élaftique dégagé des corps. J'en excepte cependant celles relatives à l'air nîtreux & à l'air inflammable de M. Prieftley, dont je ne me fuis pas encore occupé, & qui exigent des précautions particulieres. J'ai cru devoir faire précéder ces defcriptions, afin de n'avoir plus à y revenir dans le cours de ce Chapitre, & de n'être point obligé de couper le récit de mes Expériences.

EXPÉRIENCE PREMIERE.

Effet du fluide élaftique dégagé de la craie fur les animaux.

PRÉPARATION DE L'EXPÉRIENCE.

J'ai dégagé le fluide élaftique de la craie par le moyen de l'acide vitriolique, & je l'ai fait paffer à l'aide de l'appareil repréfenté fig. 13. dans un bocal Q qui fe voit fig. 15. & qui eft repréfenté féparément fig. 18. J'ai bouché le bocal fous l'eau avec un large bouchon de liége bien ajufté ; après quoi je l'ai retourné; j'ai ôté le bouchon, & j'y ai introduit fur le champ un jeune moineau franc.

E F F E T.

A peine avoit-il atteint le fond du bocal, qu'il eft tombé de côté avec convulfions; l'ayant retiré au bout d'un quart de minute, il étoit expirant, & il ne m'a pas été poffible, par aucun moyen, de le rappeller à la vie.

La même Expérience ayant été répétée fur un rat, il a péri avec les mêmes circonftances, & à-peu-près dans le même intervale de temps: fes flancs étoient affaiffés, & avoient une efpèce de mouvement convulfif, comme s'il eût cherché à infpirer de l'air, fans pouvoir y parvenir.

EXPÉRIENCE II.

Effet du fluide élaftique dégagé des chaux métalli-
ques, fur les animaux.

J'ai rempli le même bocal Q, repréfenté figu-res 15 & 18, de fluide élaftique dégagé du mi-nium par la réduction, & j'y ai fucceffivement introduit un moineau, une fouris & un rat; ils y font morts prefque fur le champ, de même que dans le fluide élaftique dégagé des effervefcenes, & leur mort a été accompagnée des mêmes circonstances.

RÉFLEXIONS.

Ces Expériences semblent laisser entrevoir une des principales causes de la mort presque subite des animaux dans le fluide élastique des effervescences & des réductions métalliques. Sans connoître très-précisément quel est l'usage de la respiration dans les animaux, nous sçavons au moins que cette fonction est si essentielle à leur existence, qu'ils périssent bientôt si leurs poumons ne sont enflés presqu'à chaque instant par le fluide élastique qui compose notre atmosphère: or, il est aisé de sentir que le fluide élastique des effervescences, ou celui des réductions métalliques, n'est aucunement propre à remplir cette fonction de l'économie animale ; qu'il ne peut enfler le poumon des animaux, comme l'air que nous respirons. On a vu plus haut, en effet, que ce fluide est absorbé avec une très-grande facilité par l'eau & par la plûpart des liqueurs ; qu'il se fixe avec elles & perd subitement son élasticité: il en résulte, par une conséquence nécessaire, que l'intérieur du poumon étant composé de membranes humides, de vaisseaux même, à

travers

travers lefquels tranffudent continuellement des
vapeurs aqueufes ; le fluide élaftique fixable ne
peut y parvenir fans y perdre fubitement fon
élafticité : bien plus, il eft même probable que
le fluide élaftique fixable ne parvient point jufques aux dernieres ramifications du poumon,
qu'il eft fixé auparavant d'y arriver. Le jeu du
poumon doit donc être fufpendu par le défaut
de fluide élaftique ; il doit s'affaiffer & devenir
flafque, & c'eft, en effet, ce que l'on obferve
dans la diffection des animaux qui ont péri de la
forte. On éprouveroit prefqu'un même effet avec
un foufflet dont l'intérieur feroit humecté d'eau,
& dont on voudroit entretenir le jeu avec un
fluide élaftique fixable.

EXPÉRIENCE III.

Effet du fluide élaftique dégagé des effervefcences fur
les corps embrafés & enflammés.

Préparation de l'Expérience.

J'ai rempli de fluide élaftique dégagé de la
craie, un bocal long & étroit repréfenté fig. 19.
j'y ai plongé une bougie ou une chandelle allumée fig. 20. fufpendue par le moyen d'un fil de
fer.

V

EFFET.

A peine étoit-elle parvenue à l'orifice du bocal, qu'elle s'est éteinte en un clin d'œil ; la partie charbonneuse de la méche est même devenue noire. Il m'est quelquefois arrivé de rallumer dix ou douze fois la même bougie, & de l'éteindre autant de fois dans le même bocal, tant il est vrai qu'il faut un intervalle de temps assez considérable, pour que le fluide élastique fixable se mêle avec l'air de l'atmosphère. On observe seulement que chaque fois qu'on éteint de nouveau la bougie, il faut la plonger un peu plus avant que la fois précédente, ce qui semble prouver que l'union du fluide élastique avec celui de l'atmosphère ne se fait qu'à la surface & couche par couche, à-peu-près de la même maniere que se fait une dissolution.

Un charbon ardent plongé dans le même air, y devient noir sur le champ de la même maniere que s'il étoit plongé dans de l'eau.

EXPÉRIENCE IV.

Effet du fluide élastique dégagé des chaux métalliques sur les corps enflammés ou embrasés.

J'ai répété l'Expérience précédente, en employant, au lieu du fluide élaſtique dégagé de la craie, celui dégagé du minium ; les effets ont été préciſément les mêmes, & je n'ai pas apperçu la moindre différence.

EXPÉRIENCE V.

Faire paſſer par de l'eau de chaux le fluide élaſtique dégagé d'une efferveſcence, & obſerver la quantité qui en eſt abſorbée.

Préparation de l'Expérience.

J'ai rempli de fluide élaſtique dégagé de la craie, par l'acide vitriolique, une bouteille de 206 pouces cubiques $\frac{1}{2}$ de capacité ; je l'ai placée le gouleau en bas, dans un ſeau V V rempli d'eau, fig. 15, & j'ai tout diſpoſé ainſi qu'il eſt expliqué au commencement de ce Chapitre. Le bocal Q avoit 69 pouces cubiques de capacité, il étoit exactement rempli d'eau, & les trois bouteilles *p'* *p''* *p'''* contenoient enſemble 7 livres & demie d'eau de chaux. Lorſque tout a été ainſi preparé, & que toutes les jointures ont été exactement luttées avec un lut gras, j'ai ouvert les robinets R. *r.* & j'ai fait agir le piſton Z de la pompe P.

EFFET.

Auſſi-tôt l'air a bouillonné dans les trois bou-

teilles p', p'', p''' ; & dès le premier coup, la
premiere a commencé à prendre un coup d'œil
nébuleux ; la même chofe eft arrivée à la feconde,
vers la fin du deuxiéme coup ; & à la troifiéme,
pendant le quatriéme. J'ai été obligé de donner
15 coups de pifton $\frac{1}{2}$ pour remplir de fluide élaf-
tieue le bocal Q.

RÉFLEXIONS.

La capacité de la pompe eft de 12 pouces $\frac{1}{7}$,
d'où il fuit que la quantité de fluide élaftique que
j'avois fait bouillonner dans l'eau de chaux, étoit
de 188 pouces ; elle s'étoit trouvée réduite au
fortir de l'eau de chaux à 69 pouces : la quantité
qui s'en étoit combinée avec la chaux étoit donc
de 119 pouces, c'eft-à-dire, de près des deux
tiers.

Il eft bon d'obferver que cette Expérience ne
donne pas très-exactement la portion de fluide
élaftique, fufceptible d'être abforbée par la
chaux ; en effet une portion de l'air contenu dans
la partie vuide des bouteilles p', p'', p''',
paffe dans le bocal Q, & eft remplacée par le
fluide élaftique ; d'où il fuit que la quantité de
fluide élaftique abforbée, paroît moindre qu'elle
ne l'eft en effet. Il eft probable d'ailleurs que 7

livres $\frac{1}{2}$ d'eau de chaux ne fuffifent pas pour dépouiller le fluide élaftique de toute la portion
fufceptible de fe fixer, & qu'il en pénetre encore
quelque peu jufques dans le bocal Q ; c'eft, fans
doute, par ces différentes raifons, que le fluide
élaftique ne s'eft réduit que des deux tiers dans
cette Expérience , tandis que M. Prieftley eft
parvenu à la réduire des quatre cinquiémes.

EXPÉRIENCE VI.

*Effet du fluide élaftique des efferveſcences ſur les ani-
maux, lorſqu'il a été dépouillé de ſa partie fixable
par la chaux.*

Lorfque l'eau du bocal Q, fig. 15. a toute été
déplacée par le fluide élaftique qui avoit bouillonné à travers l'eau de chaux , j'ai été curieux
d'éprouver l'effet qu'il produifoit fur les animaux,
j'ai retiré en conféquence de l'eau le bocal , après
l'avoir bouché comme il a été dit ci-deffus , &
j'y ai introduit un jeune moineau : il n'a pas paru
y fouffrir bien fenfiblement pendant le premier
inftant ; mais au bout d'une demie minute , fa
refpiration a paru difficile ; il ouvroit le bec , &
au bout d'une minute , il eft tombé de côté prefque fans mouvement : on l'a laiffé dans cet état,

V iij

encore une bonne demie minute, après quoi il a été retiré, & exposé à un courant d'air libre. Il n'avoit dans le premier moment d'autre mouvement que celui des yeux, & un peu celui du bec, mais en moins d'une minute, il est revenu à lui, & il s'est mis à courir & à voler.

EXPÉRIENCE VII.

Effet du même fluide sur les corps enflammés.

J'ai fait passer une petite portion du fluide élastique de la craie qui me restoit encore dans la bouteille A fig. 15, à travers la même eau de chaux, & je l'ai ensuite reçue dans un petit bocal: une petite bougie que j'y ai descendue de la maniere qu'il est représenté fig. 19 & 20, s'y est éteinte à l'instant.

L'eau de chaux qui avoit servie à ces Expériences, & qui étoit contenue dans les bouteilles p' p'' p''', s'est trouvée dépouillée entierement de son goût alkalin. La chaux qui s'en étoit précipitée, faisoit une vive & longue effervescence avec les acides ; & d'après toutes les Expériences auxquelles je l'ai soumise, je n'ai point trouvé qu'elle différât en rien de la craie.

EXPÉRIENCE VIII.

Faire paſſer à travers l'eau de chaux le fluide élaſtique dégagé d'une chaux métallique par la réduction, obſerver la quantité qui en eſt abſorbée, & l'effet du réſidu ſur les animaux & ſur les corps enflammés.

PRÉPARATION DE L'EXPÉRIENCE.

Au lieu de la bouteille A , fig. 15. je me ſuis ſervi du grand bocal *n* NOO fig. 10. dans lequel j'ai fait paſſer un mélange de 560 pouces cubiques de fluide élaſtique dégagé d'une chaux métallique & de 80 pouces cubiques d'air commun. J'aurois préféré, ſans doute, de n'employer que du fluide élaſtique pur & non mélangé, mais l'appareil décrit plus haut, & repréſenté fig. 10. ne me permettoit pas d'en obtenir de tel, parce qu'il reſte toujours néceſſairement de l'air commun dans le vuide de la cornue A , & dans le récipient tubulé G H. J'ai adapté de la même maniere que dans l'Expérience précédente, le grand ſiphon E B C D, fig. 10 & 11, à la pompe P P, & j'ai fait bouillonner le fluide élaſtique à travers quatre bouteilles qui contenoient chacune 2 livres 10 onces d'eau de chaux; enfin j'ai diſposé un bocal Q de 66 pouces de capacité pour recevoir l'air qui ne seroit point abforbé par la chaux.

EFFET.

Dès le premier coup de pifton, l'eau de chaux contenue dans la premiére bouteille, a commencé à louchir, & elle s'eft troublée très-fenfiblement au fecond.

L'eau de la feconde bouteille a commencé à louchir, au troifiéme coup de pifton; celle de la troifiéme, au quatriéme coup; enfin celle de la quatriéme, au fixiéme.

J'ai été obligé de pomper 135 pouces cubiques de fluide élaftique pour déplacer toute l'eau contenue dans le bocal Q, & pour le remplir d'air, d'où il fuit que 135 pouces avoient été réduits à 66 pouces en paffant par l'eau de chaux, c'eft-à-dire, que 69 pouces d'air s'étoient combinés foit dans la chaux, foit dans l'eau, & s'y étoient fixés.

Un rat ayant été mis dans cet air, y a demeuré affez tranquille dans le premier inftant. Enfuite il a paru fouffrir, & s'eft agité violemment; enfin au bout de trois ou quatre minutes, il eft tombé dans une efpèce d'affoupiffement, & eft refté fans mouvement, & comme mort. L'ayant

retiré, il a commencé au bout de quelgues minutes à donner quelques fignes de vie, il s'eft
enfuite ranimé peu-à peu ; & bientôt il eft devenu auffi vif qu'auparavant.

Une bougie allumée plongée dans ce même
air, s'y eft éteinte à l'inftant.

L'eau des deux premieres bouteilles p' p'',
à la fin de cette opération, avoit déjà formé un
dépôt affez confidérable ; celle de la troifiéme &
de la quatriéme étoit déjà fort trouble ; mais il
étoit aifé de juger que toute la chaux qui y étoit
en diffolution, n'étoit pas encore précipitée. J'ai
donc effayé de faire bouillonner de nouveau
fluide élaftique à travers la même eau, & de le
faire paffer dans le bocal Q ; la quantité d'air
néceffaire pour le remplir, s'eft trouvée de 120
pouces, d'où il fuit qu'il n'y en avoit eu cette
feconde fois que 54 pouces d'abforbés par l'eau
de chaux, c'eft-à-dire précifément $\frac{45}{100}$.

J'ai rempli une troifiéme fois, de la même
maniere, le même bocal Q, & la quantité de
fluide élaftique abforbé par la chaux, dans cette
troifiéme opération, n'a été que de 48 pouces,
c'eft-à-dire, de $\frac{42}{100}$.

Le même rat, ayant été introduit dans cet air,
a paru y fouffrir beaucoup davantage ; en moins

d'une minute, il eft tombé fur le côté : je l'ai retiré, mais il étoit mort ; il n'a plus été poffible de le rappeller à la vie.

Enfin, j'ai rempli une quatriéme fois le même bocal de la même maniere ; il n'y a eu cette fois que 44 pouces de fluide abforbés, c'eft-à-dire, exactement les quatre dixiéme de la quantité employée ; une fouris introduite dans cet air y a péri en un tiers de minute.

RÉFLEXIONS.

La quantité de fluide élaftique néceffaire pour remplir la premiere fois le bocal Q, a été de 135 pouces cubiques ; mais on doit fe rappeller que ce fluide élaftique contenoit $\frac{1}{7}$ d'air commun, les 135 pouces cubiques étoient donc compofés de 115 pouces $\frac{5}{7}$ de fluide élaftique dégagé de la chaux de plomb, & de 19 pouces $\frac{2}{7}$ d'air commun : mais, d'un autre côté, l'air commun, celui de l'atmofphère n'eft point fufceptible de s'unir fubitement avec l'eau de chaux comme le fluide élaftique des efferveffcences & des réductions ; les 19 pouces $\frac{2}{7}$ d'air commun ont donc dû, après avoir bouillonné dans l'eau de chaux, paffer dans le bocal Q, fans avoir fubi de diminution. Il eft évident, d'après ce calcul, que ce n'est pas réellement 135 pouces de fluide élastique qui ont été réduits à 66 pouces , mais 115 $\frac{5}{7}$ qui ont été réduits à 46 $\frac{5}{7}$. L'eau de chaux a donc absorbé $\frac{6}{10}$ du volume du fluide élastique employé.

En appliquant ce calcul au second , troisiéme & quatriéme bocal , on trouvera que pour le second la quantité de fluide élastique employée a été de 103 pouces ; qu'elle a été réduite à 49 ; d'où il suit que la quantité absorbée par l'eau de chaux a été de 54 pouces cubiques , c'est-à-dire de $\frac{52}{100}$.

Que pour le troisiéme bocal, la quantité de fluide élastique employée , a été de 98 pouces, qu'elle a été réduite à 50, c'est-à-dire , que la quantité absorbée a été de 48 pouces, ou à très-peu près de la moitié.

Enfin , que pour le quatriéme bocal , la quantité de fluide élastique employée , a été de 94 pouces , qu'elle a été réduite à 50, c'est-à-dire, que la quantité absorbée par la chaux a été de 44 pouces , ou de $\frac{47}{100}$.

Une circonstance remarquable que j'ai indiquée plus haut, c'est que l'eau des bouteilles p' p'' p''', qui étoit devenue tout-à-fait trouble dans le commencement de ces différentes opérations, & qui avoit déposé toute la chaux qu'elle tenoit en diffolution, s'éclairciffoit peu-à-peu vers la fin. La raifon de ce phénomène dépend du fluide élaftique dont l'eau s'imprégne & à l'aide dùquel elle devient capable de diffoudre la terre calcaire. On trouvera dans le Chapitre qui fuit, quelques détails fur cette diffolution.

EXPÉRIENCE IX.

Effet d'un refroidiffement très-grand fur le fluide élaftique des effervefcences.

La figure 21 repréfente l'appareil que j'ai cru néceffaire pour cette Expérience. A défigné une bouteille remplie de fluide élaftique dégagé de la craie par l'acide vitriolique ; le tuyau E B C D y eft exactement lutté avec du lut gras recouvert de veffie, & il s'ajufte par fon extrémité D avec le tuyau S S garni de fon robinet R. Tout étant ainfi difpofé, j'ai placé la bouteille A dans un feau que j'ai rempli de glace pilée & de fel marin mêlés enfemble.

Réfléchiffant enfuite fur cette Expérience, j'ai confidéré que fon but principal étoit de rapprocher le fluide élaftique, de le condenfer le plus qu'il feroit poffible ; qu'au moyen cependant de ce que l'air de la bouteille A n'avoit aucune communication avec l'air extérieur, mon objet ne feroit pas rempli ; en effet , quelque dégré de refroidiffement que je lui euffe fait éprouver dans cet appareil , fon volume feroit toujours demeuré égal à la capacité de la bouteille ; d'après ces confidérations , j'ai fenti qu'il étoit indifpenfable , pour pouvoir tirer quelque partie de cette Expérience , de lutter à l'autre extrémité du tuyau SS, un fiphon $TXLM$ qui communiquât avec l'intérieur d'un bouteille renverfée O, remplie de fluide élaftique également dégagé de la craie : alors j'ai ouvert le robinet R. Il eft évident qu'au moyen de la communication établie entre la bouteille A & la bouteille O, le fluide élaftique ne pouvoit fe condenfer par le froid dans la premiere, fans qu'une portion de celui contenu dans la feconde ne pafsât pour remplacer le vuide ; de forte que la condenfation devoit fe faire alors auffi librement qu'il étoit poffible.

L'air du laboratoire étoit à 10 dégrés $\frac{1}{2}$ au-deffus de la congellation. Lorfque j'ai commencé cette Expérience , le refroidiffement a été d'environ 15 dégrés au deffous de la congellation.

J'ai continué à entretenir pendant cinq heures, cette même température, sans que le fluide élastique ait diminué plus que n'auroit fait de l'air ordinaire. Ayant écarté au bout de ce temps la glace qui environnoit la bouteille, je l'ai trouvée couverte intérieurement d'efflorescences blanches, qui n'étoient autre chose que l'humidité de l'air qui s'étoit condensée par le refroidissement, & qui avoit formé une espèce de givre.

Il s'agissoit ensuite d'examiner si le refroidissement avoit changé la nature de ce fluide élastique, & s'il l'avoit rapproché de l'air de l'atmosphère, comme l'avoit avancé M. de Saluces. (Voyez Partie premiere, page 45.) Pour cela j'ai retourné la bouteille A dans un seau de fayance V V plein d'eau, fig. 15. j'en ai pompé le fluide élastique par le moyen de la pompe P P, & je l'ai fait bouillonner à travers 3 bouteilles p' p'' p''' remplies d'eau de chaux.

Dès le premier coup de piston, la liqueur a commencé à devenir louche, & elle s'est troublée ensuite de la même maniere que si le fluide élastique n'eût point été soumis à l'épreuve du refroidissement. J'ai également éprouvé l'effet de ce fluide sur les animaux; ils y ont péri en quelques secondes, & les corps enflammés s'y sont éteints à l'instant.

CONCLUSIONS DE CE CHAPITRE.

Il réfulte des Expériences contenues dans ce Chapitre, premierement, qu'il exifte un rapport prefque parfait entre le fluide élaftique dégagé de la réduction du minium, & celui dégagé des effervefcences, & qu'ils produifent l'un & l'autre les mêmes phénomènes fur l'eau de chaux, fur la terre calcaire, fur les corps allumés, & fur les animaux.

Secondement, que ces deux fluides font compofées l'un & l'autre, 1°. d'une partie fixable fufceptible de fe combiner avec l'eau, avec la chaux, &c. 2°. d'une autre partie beaucoup plus difficile à fixer, fufceptible jufques à un certain point, d'entretenir la vie des animaux, & qui paroît fe rapprocher beaucoup, par fa nature, de l'air de l'atmofphère.

Troifiémement, que cette portion d'air commun eft un peu plus confidérable dans le fluide élaftique dégagé des réductions métalliques, que dans celui dégagé de la craie.

Quatriémement, qu'il paroit conftant que c'eft dans la partie fixable, que réfide la propriété nuifible de ce fluide, puifqu'il eft d'autant moins funefte aux animaux, qu'il en a été dépouillé davantage, ainfi qu'il eft prouvé par l'Expérience VIII.

Cinquiémement, que rien ne met encore en état de décider fi la partie fixable du fluide élaftique des effervefcences & des réductions, eft une fubftance effentiellement différente de l'air, ou fi c'eft l'air lui-même auquel il a été ajouté ou retranché quelque chofe, & que la prudence exige encore de fufpendre fon jugement fur cet article.

CHAPITRE

CHAPITRE VIII.

De quelques propriétés de l'eau imprégnée du fluide élastique dégagé des effervescences ou des réductions métalliques.

M. Cavendish, M. Priestley & M. Rouelle, ont fait part au Public d'Expériences très intéressantes sur la propriété dissolvante de l'eau imprégnée d'air fixe, autrement dit du fluide élastique dégagé des effervescences; ils ont fait voir que cette eau avoit la propriété de dissoudre les terres calcaires, le fer, le zinc, la mine de fer, &c. J'ai été curieux de varier leurs Expériences, de les étendre, s'il étoit possible, & j'ai essayé d'unir trois à trois, l'air fixe, les métaux & les acides, afin d'acquérir quelques notions sur le dégré d'affinité de ces différentes substances.

Pour remplir cet objet, j'ai d'abord imprégné une suffisante quantité d'eau distillée pure de fluide élastique dégagé d'une effervescence. Je me suis servi, à cet effet, de l'appareil représenté fig. 7.

J'ai versé de cette eau dans des verres dans

X

lefquels j'avois mis préalablement de la diffolution de fer, de cuivre & de zinc, par l'acide
vitriolique ; de la diffolution de fer, de cuivre,
de plomb & de mercure, par l'acide nîtreux ;
enfin, de la diffolution d'or par l'eau régale, &
du fublimé corrofif : en quelques proportions
que j'aie tenté ces mélanges, je n'ai jamais pu
opérer de précipitation, & les liqueurs font ref-
tées auffi tranfparentes qu'elles étoient auparavant ; bien plus, la diffolution de fer par l'acide
vitriolique qui étoit un peu louche, s'eft même
éclaircie fur le champ par le mélange d'eau imprégnée de fluide élaftique.

J'ai effayé de mélanger de la même eau avec
de la diffolution d'argent par l'acide nîtreux, la
liqueur a pris un petit œil louche, mais prefqu'imperceptible, & il falloit y regarder avec
l'attention la plus fcrupuleufe, pour le remarquer. Cette circonftance pourroit faire foupçonner que la craie contient quelques atômes d'acide
marin, que cet acide, qui y eft engagé dans une
bafe, en eft chaffé par l'acide vitriolique, qu'il
paffe avec le fluide élaftique, & que c'eft lui qui
s'uniffant avec l'argent dans cette Expérience,
forme un peu de lune cornée ; mais en fuppofant même que ce foupçon fût fondé, cette quan-

tité d'acide marin feroit fi peu confidérable qu'un grain d'efprit-de-fel étendu dans deux livres d'eau, produiroit un effet beaucoup plus fenfible.

Quoique ces Expériences ne foient pas tout-à-fait complette, parce que je n'ai pu les étendre à toutes les diffolutions métalliques, elles paroiffent cependant prouver en général que les fubftances métalliques ont plus d'affinité avec les acides minéraux qu'avec le fluide élaftique fixable.

M. Hey dont M. Prieftley a publié quelques Expériences, a annoncé que l'air fixe n'altéroit point la couleur bleue du firop de violettes, & comme cette Expérience a été depuis conteftée, j'ai été curieux de la répéter : j'ai étendu en conféquence, dans de l'eau imprégnée de fluide élaftique, du firop de violettes, & j'ai comparé fa couleur avec celle du même firop de violettes étendue dans de l'eau diftillée. La couleur n'a pas fubi d'altération fenfible ; cependant, en regardant avec une fcrupuleufe attention, le firop de violettes mêlé avec l'eau imprégnée de fluide élaftique fembloit avoir une nuance un tant foit peu plus rouge ; mais la différence étoit fi foible, fi imperceptible, qu'on pouvoit prefque en douter.

On peut se rappeller une Expérience que j'ai rapportée dans cette seconde Partie, Chapitre premier. Si l'on verse peu-à-peu sur de l'eau de chaux saturée, de l'eau imprégnée de fluide élastique, aussi-tôt la liqueur se trouble, & la chaux se précipite sous forme de craie; mais si après avoir précipité toute la chaux, on continue d'ajouter de nouvelle eau imprégnée de fluide élastique, peu-à-peu toute la craie qui s'étoit précipitée se redissout, & la liqueur acquiert la même transparence qu'auparavant.

On a vu de même dans le Chapitre précédent que si après avoir fait bouillonner le fluide élastique dégagé soit d'une effervescence, soit d'une réduction métallique, à travers l'eau de chaux, & en avoir précipité toute la terre alkaline sous forme de craie, on continue d'y faire bouillonner de nouveau fluide élastique, la plus grande partie de la terre précipitée se redissout, & la liqueur reprend sa transparence. Le fluide élastique, l'air fixe étant assez commun dans le régne minéral, ainsi qu'on en peut juger par les eaux gaseuses ou aërées, & par plusieurs autres phénomènes de la nature, la combinaison de cette substance avec les terres calcaires doit se rencontrer fréquemment dans les eaux : j'ai cru en conséquence

qu'il pourroit être intéreffant d'examiner les effets
que produifent fur cette combinaifon encore peu
connue les différentes efpèces de réactifs.

J'ai fait diffoudre à cet effet, dans de l'eau
diftillée, de la chaux jufques au point de faturation, & j'y ai fait bouillonner du fluide élaftique
provenant d'une réduction de chaux de plomb :
d'abord, comme je l'ai annoncé plus haut, la chaux
s'eft précipitée, puis elle s'eft rediffoute, & j'ai
continué ainfi jufques à ce que je jugeaffe l'eau auffi
chargée de terre calcaire qu'elle le pouvoit être.

J'ai verfé cette eau fur une diffolution de fer
& de cuivre dans l'acide nîtreux; la liqueur ne
s'eft point troublée, & il ne s'eft fait aucun
précipité. La diffolution d'argent par le même
acide a donné un petit œil louche à la liqueur,
mais prefqu'imperceptible, & à-peu-près tel que
je l'avois obfervé avec de l'eau imprégnée de
fluide élaftique feul.

Il n'en a pas été de même des diffolutions de
fer, de cuivre & de zinc par l'acide vitriolique.
La précipitation, il eft vrai, n'a pas eu lieu
dans le premier inftant; mais au bout de quelques fecondes, la liqueur s'eft troublée, & en peu
de temps, le précipité s'eft raffemblé, & s'eft
dépofé au fond du vafe.

X iij

La diffolution de plomb par l'acide nîtreux, a donné fur le champ un précipité blanc fort abondant.

La diffolution du mercure dans l'acide nîtreux, n'a donné de précipité qu'autant que j'employois beaucoup d'eau & peu de diffolution : ce précipité étoit de couleur jaune pâle, il eft devenu peu-à peu gris avec le temps.

La diffolution d'or par l'eau régale, n'a donné aucun figne de précipitation.

J'ai auffi effayé fur cette eau l'effet des alkalis fixes & volatils, cauftiques & non cauftiques ; tous occafionnent la précipitation de la terre alkaline fous forme de craie ; c'eft à-dire, qu'ils lui enlevent la portion de fluide élaftique furabondante qui la tenoit en diffolution ; mais ils ne peuvent l'en dépouiller au-delà ; on a vu en effet que le fluide élaftique avoit plus d'affinité avec la terre alkaline qu'avec les alkalis falins.

La même eau, verfée fur du firop de violettes, en attaque peu la couleur, on remarque cependant une légere nuance de verdâtre qui devient plus fenfible au bout de quelques heures.

Toutes ces Expériences ont le même fuccès, foit qu'on emploie le fluide élaftique dégagé des effervefcences, foit qu'on emploie celui dégagé des diffolutions métalliques.

CHAPITRE IX.

De la combustion du phosphore & de la formation de son acide.

EXPÉRIENCE PREMIERE.

Combustion du phosphore sous une cloche renversée dans de l'eau.

PRÉPARATION DE L'EXPÉRIENCE.

J'AI mis dans une petite capsule d'agathe, 8 grains de phosphore de Kunkel ; j'ai placé cette petite capsule sous une cloche de verre renversée dans de l'eau, & j'ai introduit avec un entonnoir recourbé, une petite couche d'huile sur la surface de l'eau : cet appareil est le même que celui représenté fig. 8. J'ai ensuite fait tomber sur le phosphore, le foyer d'une lentille de verre de 8 pouces de diametre.

EFFET.

Bientôt le phosphore a fondu, puis il s'est allumé en donnant une belle flamme ; en même temps, il s'en élevoit une grande quantité de

X iv

vapeurs blanches qui s'attachoient à la surface intérieure de la cloche, & qui la terniſſoient ; ces vapeurs enſuite, en quelques minutes, ſont tombées en *deliquium*, & ont formé des gouttes d'une liqueur claire & lympide. Dans le premier inſtant, l'eau de la cloche a un peu baiſſé, en raiſon de la dilatation occaſionnée par la chaleur ; mais bientôt elle a commencé à remonter ſenſiblement même pendant la combuſtion, & lorſque les vaiſſeaux ont été refroidis, elle s'eſt arrêtée à 1 pouce 5 lignes au-deſſus de ſon premier niveau.

RÉFLEXIONS.

Le diametre intérieur de cette cloche étoit de 4 pouces $\frac{2}{10}$; d'où il ſuit que l'abſorbtion de l'air avoit été de 19 pouces $\frac{2}{3}$. Ayant retiré la capſule de deſſous la cloche, il s'eſt trouvé au fond une matiere jaune qui n'étoit autre choſe que du phoſphore à demi décompoſé, je l'ai lavé & ſéché, après quoi il peſoit entre un & deux grains, d'où il ſuit qu'il n'y avoit eu réellement que ſix à ſept grains de phoſphore de brûlé, & que l'abſortion d'air avoit été environ de trois pouces par chaque grain de phoſphore.

La portion de la cloche au-deſſus de l'eau étoit

de 109 pouces cubiques de capacité. L'abforb-tion d'air avoit donc été de $\frac{2}{11}$, ou, ce qui eft la même chofe, entre un cinquiéme & un fixiéme de la quantité totale d'air contenue fous la cloche.

EXPÉRIENCE II.

Combuftion du phofphore fous une cloche renverfée dans du mercure.

PRÉPARATION DE L'EXPÉRIENCE.

J'ai répété cette Expérience avec la même cloche que ci-deffus ; j'y ai employé également 8 grains de phofphore. Enfin, j'ai fait enforte que toutes les circonftances fuffent abfolument les mêmes, à la feule différence, qu'au lieu de renverfer la cloche de verre dans un vafe rempli d'eau & recouvert d'une couche d'huile ; je l'ai renverfée dans un vafe rempli de mercure.

EFFET.

La combuftion s'eft faite à-peu-près comme dans l'Expérience précédente, avec cette diffé-rence, que les vapeurs qui s'attachoient à la clo-che étoient en flocons beaucoup plus légers , beaucoup plus blancs , & qu'ils ne font point tombés de même en *deliquium.* Indépendamment de ceux attachés à la cloche, la petite capfule en étoit couverte. L'abforbtion d'air a été de 16 pouces cubiques $\frac{3}{4}$, c'eft-à-dire, d'un peu moins de 3 pouces par grain de phofphore. Il reftoit de même dans la capfule un peu de réfidu phofphorique jaune à demi décompofé.

EXPÉRIENCE III.

Combuftion du phofphore fur le mercure, à moindre dofe que dans les Expériences précédentes.

J'ai effayé de brûler fous la même cloche, & également fur du mercure, du phofphore à moindre dofe, c'eft-à-dire, en quantité moindre que huit grains : la quantité d'air abforbée a diminué en proportion que je diminuois la quantité de phofphore, & elle a conftamment été entre 2 pouces $\frac{1}{4}$ & 2 pouces $\frac{3}{4}$ par chaque grain, déduction faite de la petite portion de réfidu jaune qui reftoit à chaque combuftion.

EXPÉRIENCE IV.

Déterminer la plus grande quantité de phofphore qu'on puiffe brûler, dans une quantité donnée d'air, & quelles font les limites de l'abforbtion.

PRÉPARATION DE L'EXPÉRIENCE.

J'ai mis dans le même appareil, c'eft-à-dire,

sous une cloche plongée dans du mercure 24 grains de phosphore dans une capsule d'agathe.

EFFET.

La combustion s'est faite dans le premier moment de la même maniere que si la quantité de phosphore n'eût été que de 6 à 8 grains, à l'exception cependant qu'elle a été plus rapide, plus instantannée, & que la dilatation a été plus forte ; mais bientôt, quoiqu'il y eût encore une quantité considérable de phosphore non brûlée, la combustion a cessé, & il ne m'a plus été possible de la rétablir à l'aide du verre ardent : je parvenois bien à fondre le phosphore, à le faire bouillonner, à le sublimer même, mais il ne s'enflammoit plus. La portion d'air absorbée dans cette Expérience, s'est trouvée de 17 à 18 pouces environ, & en comparant la quantité restante de phosphore avec celle que j'avois employée, il s'est trouvé que la quantité brûlée n'avoit encore été que de 6 à 7 grains.

RÉFLEXIONS.

J'ai répété un grand nombre de fois ces Expériences, & les résultats ont toujours été les mêmes, à quelque différence près, dans les quantités d'air abforbées : jamais il ne m'a été poffible de porter cette abforbtion au-delà de 20 ou 21 pouces dans une cloche de 109 pouces de capacité, c'eft-à dire, qu'elle a approché beaucoup du cinquiéme du volume total fans pouvoir y arriver. Souvent, après avoir laiffé refroidir les vaiffeaux pendant plufieurs heures, j'effayois de rendre l'air fous la cloche en la foulevant : fi-tôt que le phofphore recevoit le contact du nouvel air, il fe rallumoit fur le champ, & lorfque je le couvrois de nouveau avec une autre cloche à-peu-près de même capacité, il s'en brûloit encore 6 à 8 grains ; après quoi le phofphore s'éteignoit fans qu'il fût poffible de le rallumer, autrement qu'en lui rendant de nouvel air.

Ces Expériences fembloient déjà conduire à penfer que l'air de l'atmofphère, ou un autre fluide élaftique quelconque contenu dans l'air, fe combinoit, pendant la combuftion, avec les vapeurs du phofphore ; mais il y avoit bien loin d'une conjecture à une preuve, & le point effentiel étoit d'abord de bien établir, qu'il fe faifoit en effet une combinaifon d'une fubftance quelconque avec la vapeur du phofphore pendant fa combuftion. Les Expériences fuivantes m'ont paru propres à fournir cette preuve.

EXPÉRIENCE V.

Déterminer avec autant de précision que ce genre d'Expérience le comporte, l'augmentation de poids des vapeurs acides du phosphore qui brûle.

PRÉPARATION DE L'EXPÉRIENCE.

J'ai introduit, fig. 22. dans une bouteille P, de criftal à large gouleau une petite capfule de verre B, dans laquelle j'ai mis huit grains de phofphore ; j'ai bouché très-exactement cette bouteille avec un bouchon de liége, & j'ai pefé le tout jufques à la précifion d'un demi-grain ; j'ai enfuite débouché la bouteille, je l'ai placée fur le champ fous la cloche de criftal A C G, qui m'avoit fervi précédemment ; enfin, j'ai élevé le mercure jufqu'en C G, & j'ai allumé le phofphore avec un verre ardent.

EFFET.

L'acide phofphorique s'eft fublimé en flocons blancs qui fe font attachés la plûpart aux parois intérieures de la bouteille P, & fur la capfule B, un quart au moins eft forti au-dehors de la bouteille, & s'eft dépofé partie fur la furface du mercure, partie fur les parois intérieures de la cloche, partie enfin fur la furface extérieure de la bouteille.

Lorfque les vaiffeaux ont été refroidis, l'abforbtion s'eft trouvée de 16 à 17 pouces cubiques, & il reftoit une petite portion de matiere jaune non brûlée. J'ai alors enlevé la cloche A, avec les précautions convenables, & en moins de quatre fecondes, j'ai rebouché la bouteille P avec fon bouchon de liége. Il eft aifé de fentir qu'en un fi court intervalle de temps l'air contenu dans la bouteille P ne pouvoit avoir été renouvellé & remplacé par de l'air chargé d'humidité, ou au moins que fi cet effet avoit pu avoir lieu, ce ne pouvoit être que pour une quantité prefqu'infenfible.

La bouteille P ayant été très-exactement effuyée & nettoyée en dehors, je l'ai porté à la balance, & j'ai trouvé fon poids augmenté de 6 grains; c'eft-à-dire, qu'au lieu de 8 grains de phofphore que j'avois mis dans la bouteille, il s'y trouvoit 14 grains, foit d'acide phofphorique concret, foit de phofphore à demi décompofé: mais on fe rappelle qu'il étoit forti pendant la combuftion au moins un quart de vapeurs hors de la bouteille, c'eft-à-dire, 3 à 4 grains; d'où il fuit que 6 à 7 grains de phof-

phore donnent 17 à 18 grains d'acide phofphorique concret, autrement dit que 6 à 7 grains
de phofphore abforbent 10 à 12 grains d'une
fubftance quelconque contenue dans l'air enfermé fous la cloche. Cette Expérience laiffe trop
de marge pour qu'on puiffe raifonnablement établir quelque doute fur fon réfultat, & tous les
argumens qu'on pourroit faire ne tendroient tout
au plus qu'à réduire l'augmentation de poids à
8 ou 10 grains, au lieu de 10 ou 12.

RÉFLEXIONS.

La quantité d'air abforbé étoit de 17 pouces
au plus combinés avec le phofphore pour former
l'acide phofphorique ; ils lui ont communiqué
une augmentation de poids de 10 à 12 grains ;
d'où il fuit que le fluide élaftique abforbé pefe
environ $\frac{2}{3}$ de grain le pouce cube, c'eft-à-dire,
à-peu-près un quart de plus que l'air que nous
refpirons.

Mais fi la matiere attirée par le phofphore,
pendant fa combuftion, eft la partie la plus
pefante de l'air, pourquoi ne feroit-ce pas l'eau
elle-même que ce fluide tient en diffolution, &
qui eft répandu dans l'atmofphère en fi grande
abondance & dans un efpèce d'état d'expanfion ?

Sans doute, me suis-je dit à moi-même, l'eau est nécessaire à l'aliment de la flamme; tant que l'air en contient, il est propre à entretenir la combustion; en est-il dépouillé, la combustion ne peut plus avoir lieu.

Ce sentiment étoit probable, & se présentoit avec un air de vérité propre à séduire; aussi me suis-je empressé de le soumettre à l'épreuve de l'Expérience, & voici le raisonnement que j'ai fait. Si cette théorie de l'absorbtion de l'eau est vraie, il doit en résulter trois choses, 1°. qu'en rendant à l'air renfermé sous une cloche dans laquelle on brûle du phosphore, de l'eau réduite en vapeurs à mesure qu'il y en a d'absorbé, la combustion, loin de cesser, doit se prolonger très long-temps. 2°. que dans ce cas il ne doit plus y avoir de diminution dans le volume de l'air à mesure que le phosphore brûle. 3°. qu'en rendant à un volume d'air dans lequel on a brûlé du phosphore, qui a été épuisé par conséquent d'eau, & qui a été diminué de près d'un cinquiéme, de l'eau réduite en vapeurs, on doit produire dans son volume une augmentation égale à la diminution qu'il avoit essuyée pendant la combustion. Ces réflexions m'ont conduit aux Expériences qui suivent.

EXPÉRIENCE

EXPÉRIENCE VI.

Brûler du phosphore sous une cloche plongée dans du mercure, en entretenant sous la même cloche un atmosphère d'eau réduite en vapeurs.

PRÉPARATION DE L'EXPÉRIENCE.

J'ai mis suffisante quantité de mercure dans une petite terrine ; j'y ai fait nager deux petites capsules d'agathe , l'une contenant 8 grains de phosphore , l'autre environ un gros d'eau ; je les ai recouvertes toutes deux avec une cloche de cristal , & j'ai élevé le mercure dans la cloche à une hauteur convenable.

J'ai fait tomber d'abord le foyer du verre ardent sur la capsule qui contenoit l'eau : en quelques minutes elle s'est échauffée ; puis elle a bouilli , & il s'en est élevé des vapeurs qui se condensoient en gouttes & qui couloient le long des parois intérieures de la cloche. Lorsque j'ai été parfaitement assuré qu'il existoit sous la cloche une atmosphère abondante de vapeurs aqueuses ; j'ai cessé de faire bouillir l'eau , & j'ai fait tomber le foyer du même verre ardent sur le phosphore.

EFFET.

La combuftion s'eft faite comme à l'ordinaire; il y a eu même quantité d'air abforbé, & l'Expérience n'a différé de toutes celles faites fur le mercure qu'en ce que l'acide, au lieu d'être en fleurs blanches & fous forme concrete, s'eft dépofé en gouttes fur les parois de la cloche en raifon de la quantité d'eau qui lui avoit été fournie.

EXPÉRIENCE VII.

Rendre de l'humidité à l'air dans lequel a brûlé le phofphore.

J'ai répété la même Expérience, en obfervant de brûler d'abord le phofphore, & de faire bouil-lir l'eau enfuite par le moyen du verre ardent.

EFFET.

Les vapeurs acides fe font dépofées fur les parois de la cloche en flocons d'un blanc moins beau que dans l'Expérience précédente ; & en quelques minutes, ils font tombés en *deliquium*, en raifon de l'humidité que l'eau, quoique froi-de, avoit fourni fous la cloche. Les vaiffeaux refroidis, l'abforbtion de l'air s'eft trouvée à-peu près égale à celle éprouvée dans les Expériences précédentes ; j'ai fait alors tomber le foyer du verre ardent sur l'eau contenue dans la capsule, & je l'ai fait bouillir : la vapeur s'est bientôt répandue dans la capacité de la cloche ; elle s'est même rassemblée en gouttes le long de ses parois ; mais la hauteur du mercure n'a ni augmenté ni diminué, c'est-à-dire, que le volume de l'air est resté très-exactement le même.

EXPÉRIENCE VIII.

Essayer si, à l'aide d'une atmosphère d'eau réduite en vapeurs, on peut brûler une plus grande quantité de phosphore dans une quantité donnée d'air.

PRÉPARATION DE L'EXPÉRIENCE.

J'ai employé dans cette Expérience les deux capsules d'agathe employées dans les précédentes : j'ai mis dans l'une un peu d'eau distillée ; dans l'autre, 18 grains de phosphore : j'ai fait bouillir l'eau à l'aide du verre ardent ; enfin, j'ai allumé le phosphore.

EFFET.

Il ne s'en est brûlé que 7 à 8 grains ; après quoi la combustion a cessé, & il ne m'a pas été possible de la ranimer à l'aide du verre ardent : la plus grande partie du phosphore non brûlé étoit restée dans la capsule ; quelques portions s'étoient sublimées aux parois intérieures de la cloche ; l'absorbtion d'air étoit de 18 pouces $\frac{1}{2}$; c'est-à-dire, toujours à-peu-près la même que dans les autres Expériences.

RÉFLEXIONS.

Il paroît constant, d'après ces Expériences, que la diminution du volume de l'air qui s'observe pendant la combustion du phosphore, ne tient point à l'absorbtion de l'eau qui y étoit contenue ; que la plus ou moins grande quantité d'eau introduite sous la cloche & combinée avec l'air qui y est enfermé, ne change rien aux phénomènes ; & que la seule différence qui en résulte est d'avoir l'acide ou concret ou fluor. Ce n'est pas que je veuille nier que l'acide phosphorique, en se formant, ne puisse enlever à l'air une portion de l'humidité dont il est chargé ; il est même très-probable que cet effet a lieu ; & c'est, sans doute, en raison de cette humidité que l'augmentation de pesanteur observée dans l'Expérience V, s'est trouvée un peu plus grande qu'elle n'auroit dû l'être, proportionnellement à la quantité d'air

abſorbée ; mais il ne m'en paroît pas moins
prouvé par tout ce qui a précédé, 1°. que la plus
grande partie de la ſubſtance abſorbée par le
phoſphore , pendant ſa combuſtion , eſt autre
choſe que de l'eau ; 2°. que c'eſt à l'addition de
cette ſubſtance que l'acide phoſphorique doit la
plus grande partie de ſon augmentation de poids.
3°. Enfin, que c'eſt à ſa ſouſtraction que l'air
dans lequel on a brûlé du phoſphore, doit ſa
diminution de volume. Une derniere Expérience
que je vais faire précéder par quelques réflexions
préliminaires portera, à ce que j'eſpere, ces vérités juſques à l'évidence.

Je ſuppoſe qu'une bouteille, ou un autre vaſe
quelconque à gouleau étroit, ſoit exactement
remplie d'eau diſtillée, de maniere qu'il ne ſoit
plus poſſible d'en ajouter une ſeule goutte ſans
en répandre pardeſſus les bords. Si enſuite on
introduiſoit dans cette bouteille de l'acide phoſphorique, ou un autre acide quelconque dans un
état de concentration abſolue, c'eſt-à-dire, abſolument privé d'eau ; il eſt clair qu'il arriveroit
de deux choſes l'une ; ou cet acide ſe logeroit
entre les particules d'eau & ſe combineroit avec
elle ſans en augmenter le volume, ou bien ce qui
eſt plus probable en ſe mélant avec l'eau, il en

écarteroit les parties , & il résulteroit du mélange un volume plus grand que n'étoit celui de
l'eau ; alors il y auroit une quantité de fluide
excédente à ce que la bouteille pourroit contenir , & cet excédent s'écouleroit par dessus ses
bords.

Je suppose que la quantité d'acide introduite
fût inconnue ; il ne seroit pas difficile de la déterminer dans le premier cas : il ne s'agiroit que
de peser la bouteille , & l'augmentation de poids
qu'elle auroit acquise seroit égale au poids de
l'acide ajouté.

Il n'en seroit pas de même dans le second
cas ; alors pour avoir la quantité d'acide introduite dans la bouteille, il faudroit ajouter à l'augmentation de poids qu'elle auroit acquise, le
poids du fluide qui se seroit écoulé par dessus
ses bords ; mais il demeureroit toujours pour
constant, & l'on pourroit regarder comme démontré que dans les deux cas la quantité d'acide
ajouté, si elle n'est plus grande, est au moins
égale à l'augmentation de poids que la bouteille
a acquise. Ces réflexions vont s'appliquer tout
naturellement à l'Expérience qui suit.

EXPÉRIENCE IX.

Examen du rapport de pefanteur de l'acide phofpho-
rique avec l'eau diftillée, & des conféquences
qu'on en peut tirer.

J'ai pris un grand plat de fayance émaillée au
milieu duquel j'ai placé une petite foucoupe
d'agathe, & j'ai recouvert le tout avec une grande cloche de verre, de maniere cependant que
les bords du plat débordaffent ceux de la cloche.
J'avois préalablement humecté l'un & l'autre vafe
avec un peu d'eau diftillée. L'appareil ayant été ainfi
difpofé, j'ai mis dans la foucoupe d'agathe deux
ou trois grains de phofphore, & je les ai enflammés par le moyen d'une lame de couteau légére-
ment échauffée, que je paffois fous la cloche, &
avec laquelle je touchois le phofphore. Si tôt que
l'inflammation avoit lieu, il s'élevoit du phofphore une colomne de vapeurs blanches très-
épaiffe qui fe répandoit dans la cloche ; mais ce
qui eft remarquable, c'eft que quoique la cloche
fût fimplement pofée fur le plat, & qu'elle ne le
touchât pas même exactement dans tous les points,
la vapeur qui circuloit dans fon intérieur, au-
lieu d'être chaffée en-dehors par la dilatation

occafionnée par la chaleur, fembloit au contraire être repouffée en dedans par des bouffées d'air
extérieur qui s'introduifoient fous la cloche.
Cette circonftance n'empêchoit cependant pas
que, dans quelques autres inftans, il ne s'échap-
pât quelque peu de vapeurs.

Il falloit environ une heure pour condenfer la
totalité des vapeurs contenues fous la cloche ;
après quoi je recommençois la même opération
avec la précaution feulement de réimbiber la
cloche, foit avec de l'eau diftillée, foit avec l'eau
même qui avoit déja fervi & qui devenoit de plus
en plus acide.

Il eft bon d'obferver qu'à la fin de chaque
combuftion, il reftoit conftamment au fond de
la foucoupe d'agathe quelques portions de la
matiere jaune, dont j'ai parlé plus haut, & qui
n'eft autre chofe que du phofphore à demi décompofé ; j'avois grand foin de les mettre à part.
J'ai continué à brûler ainfi du phofphore, jufques à la concurrence de 2 gros 42 grains ; après
quoi, ayant lavé & féché la matiere jaune qui
me reftoit, je l'ai trouvé du poids de 32 grains ;
la quantité de phofphore que j'avois brûlé n'étoit
donc réellement que de 2 gros 10 grains.

La liqueur réfultante de cette opération étoit

claire & lympide, fans couleur, fans odeur, &
avoit une faveur acide comme auroit eu de
l'huile de vitriol étendue dans beaucoup d'eau.
Il étoit clair que cette liqueur n'étoit autre chofe
qu'une eau diftillée dans laquelle on avoit introduit une certaine quantité d'acide phofphorique,
& je pouvois lui appliquer les réflexions qui ont
précédé cette Expérience.

J'ai choifi, en conféquence, une phiole à peu-
près capable de contenir tout l'acide phofphorique que j'avois obtenu, & comme, après y
avoir mis cet acide, il reftoit encore une petite
portion vuide pour arriver jufques au gouleau ;
je l'ai rempli avec un peu d'eau diftillée, & j'ai
lié un fil exactement à l'endroit jufqu'auquel
venoit la furface de la liqueur : la bouteille ayant
été portée à la balance, le poids de l'acide, déduction faite de la tarre, s'eft trouvé de 6 onces
7 gros 69 grains $\frac{1}{2}$.

J'ai enfuite vuidé la bouteille ; je l'ai très-
exactement rincée, & j'y ai introduit de l'eau
diftillée jufques à la même marque. Le poids de
cette eau, déduction faite de la tarre, s'eft trouvé de 6 onces 4 gros 42 grains, ce qui donnoit
pour l'excédent de poids de l'acide fur l'eau
diftillée, 3 gros 27 grains $\frac{1}{2}$.

Il eſt clair, d'après ce qui a été dit plus haut, qu'un excès de poids de 3 gros 27 grains $\frac{1}{2}$, annonçoit au moins qu'il exiſtoit dans la liqueur 3 gros 27 grains $\frac{1}{2}$ d'acide, dans les ſuppoſitions même les plus défavorables ; cependant la quantité de phoſphore employée n'étoit que de 2 gros 10 grains : d'où il ſuit évidemment que le phoſphore avoit attiré, pendant la combuſtion, au moins 1 gros 17 grains d'une ſubſtance quelconque. Cette ſubſtance ne pouvoit être de l'eau, parce que de l'eau n'auroit pas augmenté la peſanteur ſpécifique de l'eau ; c'étoit donc ou l'air lui-même, ou un autre fluide élaſtique quelconque contenu, dans une certaine proportion, dans l'air que nous reſpirons. Cette derniere Expérience me paroit ſi démonſtrative, que je ne prévois pas par quelle objection on pourroit l'attaquer.

CHAPITRE X.

Expériences sur la combustion & la détonnation dans le vuide.

SI la combustion du phosphore consiste essentiellement, comme les Expériences précédentes paroissent le prouver, dans l'absorbtion de l'air, ou d'un autre fluide élastique contenu dans l'air, il doit en résulter que la combustion du phosphore ne peut se faire sans air ; qu'elle ne peut par conséquent avoir lieu dans le vuide de la machine pneumatique, & j'ai été curieux de me procurer ce nouveau complément de preuve.

EXPÉRIENCE PREMIERE.

Essayer la combustion du phosphore dans le vuide.

J'ai placé sous le récipient d'une machine pneumatique, un petit morceau de phosphore, & j'ai fait un vuide aussi parfait que la machine pouvoit le comporter. J'ai fait ensuite tomber sur le phosphore le foyer d'une lentille de 8 pouces de diamètre : aussitôt il a fondu, il a bouillonné, il a pris une couleur jaune un peu

plus foncée qu'auparavant; enfin il s'est sublimé,
mais il n'a point eu de combustion. Ayant rendu
l'air sous le récipient, & ayant gouté les vapeurs
aqueuses qui s'étoient attachées à ses parois intérieures, je ne les ai pas même trouvées sensiblement acides; d'où il suit qu'il n'y avoit point
eu de combustion.

EXPÉRIENCE II.

Soufre dans le vuide.

Le soufre exposé dans le vuide de la machine
pneumatique à la chaleur du verre ardent, s'est
sublimé comme le phosphore, & il n'a pas été
possible de l'y enflammer.

EXPÉRIENCE III.

Poudre à canon dans le vuide.

J'ai mis sous le récipient de la machine pneumatique, de la poudre à canon, & j'ai fait le
vuide aussi exactement qu'il étoit possible; ayant
fait ensuite tomber le foyer du verre ardent sur
la poudre, elle s'est fondue, le soufre s'est sublimé à la voûte du récipient, mais il n'y a eu ni
inflammation, ni détonnation : je me servois

également dans cette Expérience, d'une lentille
de 8 pouces de diamètre.

Ayant introduit un peu d'air ſous le récipient,
à peu près la vingtiéme partie de ce qu'il pouvoit en contenir, la détonnation s'eſt faite aiſément, & à peu près avec le bruit d'une veſſie
foible qui ſe creve. Ce bruit eſt d'autant moindre que le récipient eſt plus grand.

EXPÉRIENCE IV.

Nître & ſoufre dans le vuide.

Parties égales de ſoufre & de nître ne donnent
dans le vuide aucune eſpèce de détonnation ; le
ſoufre ſe ſublime ſans brûler , de la même maniere que s'il étoit ſeul.

CHAPITRE XI.

De l'air dans lequel on a brûlé du phosphore.

EXPÉRIENCE PREMIERE.

Effet de l'air dans lequel on a brûlé le phosphore,
sur les animaux.

J'AI fait passer dans un bocal, au moyen de la pompe PP, & par un appareil à-peu-près semblable à celui de la figure 10. de l'air dont le volume avoit été diminué d'un onziéme par la combustion du phosphore. J'y ai jetté un oiseau, & je l'y ai laissé pendant une bonne demie minute. Je ne me suis pas apperçu qu'il eût la respiration plus difficile que dans l'air ordinaire, & rien ne m'a annoncé qu'il y souffrît : on peut se rappeller, au contraire, qu'un animal de même espèce, jetté dans l'air fixe, y périt presque à la première inspiration.

EXPÉRIENCE II.

Effet de l'air dans lequel on a brûlé du phosphore,
sur les bougies allumées.

J'ai fait paffer une autre portion du même air
dans un bocal étroit, & j'y ai plongé une bougie
allumée ; elle s'y eft éteinte fur le champ, comme
dans le fluide élaftique des effervefcences & des
réductions. Ayant rallumé la bougie à plufieurs
reprifes , elle s'y eft conftamment éteinte. J'ai
obfervé cependant que cette Expérience ne pouvoit pas être répétée un auffi grand nombre de
fois avec cet air qu'avec celui des effervefcences
& des réductions ; ce qui me porte à croire qu'il
fe mêle plus aifément & plus promptement avec
l'air de l'atmofphère.

EXPÉRIENCE III.

Mélanger une portion de fluide élaftique des effervef-
cences , avec l'air dans lequel on a brûlé
du phofphore.

J'ai été curieux, relativement à des vues dont
je rendrai compte dans un autre temps, d'obferver fi le mélange d'un tiers de fluide élaftique

des effervefcences, corrigeroit l'air qui avoit
fervi à la combuftion du phofphore, & lui ren-
droit la propriété d'entretenir les corps enflammés. Le mélange fait, j'en ai rempli un bocal
étroit, & j'y ai introduit une bougie ; mais elle
s'y eft éteinte fur le champ.

Fin de la feconde Partie.

EXTRAIT

DES REGISTRES

DE L'ACADÉMIE ROYALE

DES SCIENCES.

Du 7 Décembre 1773.

NOUS avons examiné par ordre de l'Académie, M. DE TRUDAINE, M. MACQUER, M. CADET & moi, le premier Volume d'un Ouvrage de M. LAVOISIER, intitulé *OPUSCULES PHYSIQUES ET CHYMIQUES*.

Ce premier Volume est divisé en deux Parties; l'une, qui a pour titre : *Précis historique sur les émanations élastiques qui se dégagent des corps pendant la combustion, la fermentation, &c.* l'autre : *Nouvelles Recherches sur l'existence d'un fluide élastique fixé dans quelques substances, &c.*

Afin de présenter à l'Académie une idée suffisamment développée de l'Ouvrage de M. Lavoisier, il faut entrer dans quelques détails sur chacune de ces deux Parties.

Quand une matiere est comme nouvelle, &

Z

qu'elle n'a point encore été suivie d'une maniere affez réguliere, un des premiers objets qu'on doive fe propofer, c'eft de raffembler, fous un point de vue net & précis, ce qui a été fait par ceux qui nous ont précédé : par-là, ayant fous les yeux un tableau fidel des recherches qui ont été faites, fçachant le point d'où l'on eft parti & celui où l'on eft arrivé, on eft beaucoup plus en état de juger de la route qu'on doit fuivre, des difficultés que l'on peut rencontrer, enfin de tout ce qui refte à faire pour éclaicir les phéno-mènes qu'on a entrepris de développer : tel eft l'objet que M. Lavoifier fe propofe dans la pre-miere Partie de fon Traité. Il paffe en revue, en conféquence, tous les Auteurs qui ont parlé des émanations élaftiques, depuis Paracelfe juf-ques aux Phyficiens & aux Chymiftes de nos jours, & il n'oublie point d'infifter d'autant plus fur ce qu'ils ont découvert ou rapporté, qu'il peut en réfulter plus de lumieres fur l'objet dont il s'occupe : nous l'imiterons dans le compte que nous allons rendre de cette premiere Partie.

La nature n'eft prefque jamais confultée par les expériences, qu'elle ne laiffe échapper plus ou moins quelques-uns de fes fecrets. Les pre-miers Chymiftes s'étoient bien apperçus, que dans beaucoup de circonſtances, il ſe dégageoit des corps une vapeur, un fluide élaſtique qui produiſoit des effets remarquables & quelquefois même dangereux : ils lui donnerent le nom de *Spiritus ſilveſtre*, Eſprit ſauvage ; tel eſt, en effet, le nom que lui donne Paracelſe. Cependant ſi ce fluide frappa aſſez ces Chymiſtes pour les engagér à le caractériſer par un nom particulier, ils n'allerent pas plus loin ; mais quelques années après, le Diſciple de Paracelſe, (le célèbre Van-Helmont), en fit l'objet de ſes recherches, & prouva par un grand nombre d'expériences que ce fluide eſt abondamment répandu & joue un grand rôle dans la nature, & il lui donna le nom de *Gas*, ou de *Gas ſilveſtre*. Il alla même juſques à examiner ſi cette ſubſtance élaſtique eſt de la même nature que l'air que nous reſpirons, & il ſemble ſe décider pour la négative. Boyle vint enſuite ; mais il ajoûta peu à ce que Van-Helmont avoit découvert : cependant il fit une remarque importante, c'eſt que ſi l'air ſe dégage des corps dans certaines opérations, il ſemble au contraire, dans d'autres, être abſorbé, comme dans l'uſtion du ſoufre & d'autres ſubſtances de cette nature. Enfin Hales parut, & l'on vit toutes nos connoiſſances ſur le fluide élaftique, qui fe développe des corps, prendre une face toute nouvelle.

On avoit bien obfervé que ce fluide fe dégageoit dans un grand nombre de circonftances, mais on ne l'avoit point regardé comme partie conftituante de ces corps, comme combiné avec leurs molécules : on n'avoit pas plus penfé à mefurer ni le poids ni le volume de celui tiré de différentes fubftances ; cependant c'eft ce que fit Hales par des expériences auffi fimples qu'ingénieufes, comme on peut le voir dans fon fixiéme Chapitre de la Statique des Végétaux : là, il paroît qu'il n'y a prefqu'aucune fubftance qu'il n'ait analyfée pour reconnoître le volume & le poids du fluide élaftique qui s'en dégage, & on apprit, pour la premiere fois, qu'il y avoit de ces fubftances qui renfermoient une fi grande quantité d'air qu'elles en contenoient plus de cinq cent fois leur volume. Enfin, telles furent la nature & le nombre des expériences de cet Homme illuftre, qu'on peut dire qu'il a frayé amplement la voie à ceux qui font venus après lui. Jufques-là il fembloit que nous avions pris peu de part à ces fortes de recherches, lorfque M. Venel lut à l'Académie un Mémoire pour faire voir que ces eaux minérales que, par leur

faveur, on caractérifoit d'acidules, n'étoient ni
acides ni alkalines, & que toute cette faveur
tenoit à une grande quantité d'air qui y étoit
combiné.

Les chofes en étoient-là, lorfque M. Black,
célèbre Chymifte Ecoffois, entreprit d'analyfer,
par un grand nombre d'expériences, la chaux &
les terres calcaires. Suivant ce Chymifte, toutes
les terres qui fe réduifent en chaux par la calcination ne font autre chofe qu'un combiné d'une
grande quantité d'air fixe & d'une terre alkaline
naturellement foluble dans l'eau ; & il eft effentiel de remarquer même que par ce mot d'*air
fixe*, il entend une efpèce d'air différent de l'air
élaftique commun que nous refpirons, mais qui
eft néanmoins répandu dans l'atmofphère : il
ajoute que c'eft peut-être mal à propos qu'il fe
fert de cette dénomination d'*air fixe* ; mais qu'il
aime mieux employer ce mot déjà connu que
d'en inventer un autre, pour défigner une fubftance dont la nature & les propriétés lui font
encore fort peu connues.

Selon M. Black, la chaux & tous les alkalis
cauftiques n'exiftent fous cette forme & n'ont
les propriétés que nous leur remarquons que
parce qu'ils ont été dépouillés de leur air fixe ;

qu'on le leur rende, & ils rentrent l'un dans la
claſſe des terres calcaires, les autres dans celle
des alkalis : ils font effervefcence avec les acides ;
enfin ils ont toutes les propriétés des terres calcaires & des alkalis ordinaires. Il rapporte plufieurs expériences pour confirmer cette opinion ;
fi, par exemple, on précipite de la chaux diffoute par un acide, au moyen d'un alkali ordinaire, cette chaux précipitée devient par-là une
terre calcaire, ayant repris l'air fixe contenu
dans l'alkali, & qui lui manquoit pour être une
véritable terre de cette efpèce. De même, fi de
la craie eft diffoute par un acide, on pourra
l'avoir à volonté, fous une forme de craie, ou
fous une forme de chaux ; il fuffira de la précipiter ou par un alkali ordinaire, ou par un alkali
cauftique ; car, dans le premier cas, l'alkali qui
la précipite lui rend l'air fixe qu'elle avoit perdu
dans l'effervefcence, & par conféquent la précipite fous la forme de craie qu'elle avoit auparavant ; mais dans le fecond, l'alkali cauftique qui
caufe la précipitation, étant privé d'air fixe, ne
peut rendre à la craie celui qu'elle avoit perdu
dans fa diffolution & par conféquent la précipite
fous la forme de chaux.

On voit auffi que M. Black attribue à l'air fixe

un grand nombre d'effets que jufques à lui on n'avoit pas expliqués, & qu'on avoit attribués à d'autres caufes.

Pendant que M. Black fe livroit à ces recherches, & imaginoit avoir découvert dans l'air fixe la caufe d'un grand nombre de phénomènes M. Meyer, fameux Chymifte Allemand, s'occupant prefque des mêmes objets, fuivoit une autre route : il crut reconnoître que la caufticité de la chaux & des alkalis, tenoit à une caufe toute différente de celle que M. Black avoit imaginée, & que c'étoit à un efpèce d'acide qu'il appella *acidum pingue*. Selon lui, cet acide étant intimement uni avec ces fubftances, leur donne la propriété corrodante & cauftique qui les caractérife ; de-là on voit qu'il réfulte un champ d'idées toutes nouvelles fur les phénomènes que l'on obferve par rapport à la chaux, aux alkalis cauftiques aux terres calcaires & aux alkalis ordinaires, & que tous les effets que M. Black attribue à l'abfence de l'air fixe, M. Meyer les attribue au contraire à la préfence de fon *acidum pingue*. Cet acide, tel que l'imagine ce Chymifte, eft d'une nature fort approchante de la matiere du feu & de la lumiere, & entre en grande abondance dans la compofition des végétaux & des animaux.

Z iv

Non-seulement M. Meyer ne paroît pas embar-
rassé des difficultés qu'on peut faire contre son
systême, mais il répond même avec facilité à
des objections qui sembleroient d'abord devoir
l'embarrasser.

On a vu, par exemple, de quelle maniere M.
Black explique cette importante & curieuse expérience de précipiter la craie dissoute dans un
acide, ou sous une forme de chaux, ou sous
forme de craie; nous avons dit que cela tenoit
uniquement, selon lui, à la nature de la substance précipitante; que si elle ne contient pas
d'air fixe, elle précipitera la craie sous forme de
chaux; que si elle en contient, au contraire,
elle le fera sous forme de craie. M. Meyer explique ce double phénomène fort naturellement en
disant, que lorsque vous précipitez avec un alkali
caustique, vous employez, en quelque façon,
deux espèces de sels, celui de l'alkali caustique,
qui est composé de l'*acidum pingue* & de l'alkali,
& celui qui est composé de l'acide uni à la craie:
or, qu'arrive-t-il? c'est que l'acide ayant plus
d'affinité avec l'alkali caustique en chasse l'*acidum
pingue*, & que celui-ci, en s'unissant avec la craie,
en fait tout naturellement une chaux, ou une
terre calcaire unie avec cet acide.

Quoique l'Allemagne ait embrassé en grande partie les idées de M. Meyer, M. Black y trouva cependant dans M. Jacquin un zélé défenseur. Cet habile Chymiste soutint son systême avec de nouvelles armes, & lui donna un nouveau degré de clarté par la maniere dont il le présenta : mais bientôt M. Crans embrassant avec chaleur le parti de M. Meyer, fit un Ouvrage pour prouver l'existence de l'*acidum pingue*, & renverser la doctrine de l'air fixe de M. Black. Il rapporte, à ce sujet, un grand nombre d'expériences pour étayer le systême de son Compatriote ; mais la crainte d'être trop longs nous oblige, malgré nous de passer sous silence & ces expériences & les conséquences que l'Auteur en déduit, quoiqu'elles paroissent même, à certains égards, assez solides.

Nous en dirons autant de l'Ouvrage de M. de Smeth, qui a fait pareillement un grand nombre d'expériences pour examiner ce que l'on doit penser de l'air fixe : nous ne pouvons cependant nous empêcher de remarquer que ce Physicien observe que c'est très-improprement qu'on a donné le nom d'*air fixe* à l'émanation élastique de la fermentation & des effervescences ; que cette substance est connue depuis long-temps,

& que, loin d'être une fubftance unique, elle
eft, au contraire, très-variée, très multipliée &
très-différente d'elle même ; enfin, que la doctrine de l'air fixe n'eft appuyée que fur des fondemens très-incertains, & qui, ne pouvant foutenir
un examen fuivi, ne fera que l'opinion du moment. Au refte, il n'eft pas difficile de s'appercevoir, en lifant M. de Smeth, qn'il a cherché à
établir une nouvelle opinion qui tînt une efpèce
de milieu entre celle de M. Black & celle de
M. Meyer.

Pendant que ces différens objets exerçoient les
efprits en Allemagne & en Hollande, M. Prieftley faifoit en Angleterre un grand nombre d'Expériences, non-feulement fur l'air fixe, qu'il
regarde, ainfi que M. Black, comme une fubftance entierement diftincte de l'air commun de
notre atmofphère, mais même fur d'autres airs
dégagés de diverfes fubftances ; il traite de ces
différentes Expériences dans des articles féparés
dont les principaux font fur l'air fixe proprement
dit, fur l'air dans lequel on a fait brûler des chandelles ou du foufre, fur l'air inflammable, fur
l'air nîtreux, fur l'air corrompu ou infecté par la
refpiration des animaux, &c. mais il nous feroit
impoffible de fuivre M. Lavoifier dans tout ce
qu'il en dit.

Nous nous contenterons d'observer que prefque tous ces articles contiennent des Expériences très-intéreffantes & très-curieufes. On y verra fur l'air fixe, que M. Prieftley le regarde comme le produit conftant de la fermentation & de l'effervefcence ; que cet air eft à-peu-près de la même pefanteur que celui de notre atmofphère, qu'il eft abforbé par l'eau, & fe combine très-aifément avec ce fluide ; que lès animaux y meurent fur le champ.

Que l'air inflammable que l'on obtient en recevant l'air qui fe dégage de l'acide vitriolique dans le temps qu'il diffout des métaux, & fur-tout du zinc, du fer & de l'étain, n'a point, comme l'air fixe, la propriété de fe mêler avec l'eau, au moins que ce n'eft que très-difficilement ; que les animaux y meurent comme dans l'air fixe, maïs après y avoir éprouvé des mouvemens convulfifs ; que cet air inflammable fe fépare facilement d'avec l'air fixe ; enfin que, quoique chargé en apparence de beaucoup de phlogiftique, il ne peut cependant être abforbé par l'acide vitriolique ou l'acide nîtreux.

Que l'air nîtreux qu'on obtient en recevant l'air qui s'éleve des diffolutions des métaux dans l'acide du nître, reffemble beaucoup aux vapeurs

de l'esprit de nître fumant ; que cet air a une propriété singuliere, c'est de diminuer confidérablement le volume d'air commun dans lequel on le
méle, de le troubler ou d'en altérer la tranfparence,
& de prendre une couleur rouge-orangée foncée ;
enfin que plus l'air dans lequel on introduit l'air
nîtreux eft falubre, plus il y a de mouvemens
d'effervefcence ; de façon que cet air nîtreux devient une excellente pierre de touche de la pureté
de l'air. Mais nous n'irons pas plus loin ; il faudroit
tranfcrire ici tout ce que rapporte M. Lavoifier,
pour faire connoître toutes les Expériences de
M. Prieftley ; nous craignons même tellement
d'allonger cet Extrait, que nous fommes obligés
de paffer fous filence ce qu'ajoute M. Lavoifier
au fujet des Expériences de Meffieurs Rouelle
& Bucquet.

D'après cet Expofé, on voit évidemment que
M. Lavoifier préfente dans cette premiere Partie un tableau très-étendu de tout ce qui a été
découvert & écrit avant lui fur les émanations
élaftiques des corps, & nous pouvons ajoûter
qu'il le fait en Hiftorien impartial qui fe contente d'expofer les faits fans prendre aucun
parti.

Nous allons paffer maintenant à la feconde

Partie dans laquelle cet Académicien s'occupe à prouver l'exiftence du fluide élaftique dans certaines fubftances, & à expofer les phénomènes qui réfultent de fon dégagement & de fa fixation.

Dans cette feconde Partie, M. Lavoifier ne s'eft pas contenté de raifonner fimplement, d'après les Expériences déjà connues & qu'il avoit expofées dans la premiere; il a fuppofé en quelque forte que le fluide élaftique n'étoit que foupçonné, & a entrepris d'en démontrer l'exiftence & les propriétés par une fuite nombreufe d'Expériences dont cette feconde Partie de fon Ouvrage eft toute remplie.

Pour fuivre ce plan de démonftrations uniquement par voie d'Expériences, M. Lavoifier s'eft impofé la loi de reprendre la matiere dès fon principe & de refaire par conféquent la plûpart des Expériences qui avoient déjà été publiées fur cet objet; & il réfulte de-là que celles par lefquelles il a commencé ne font point neuves pour le fond; mais indépendamment de l'utilité & même de la néceffité qu'il y a de bien conftater des faits de l'importance de ceux-ci, M. Lavoifier les a mis en quelque forte dans la claffe des faits tout nouveaux, & fe les eft rendu propres par la

précifion & la fcrupuleufe exactitude avec laquelle il en a conftaté toutes les circonftances.

Les Expériences publiées par Meffieurs Black,
Jacquin, Prieftley & autres, ajoutées à celles du
célebre Hales, avoient appris, comme nous l'a-
vons déjà indiqué dans la premiere Partie de cet
Extrait, que les effervefcences obfervées dans
la diffolution des terres calcaires non calcinées &
des alkalis fixes ou volatils non cauftiques, lorfqu'on les combinoit avec un acide quelconque,
étoient dûes au dégagement d'une quantité confidérable d'un fluide élaftique qu'on a pris d'abord
pour de l'air de l'atmofphère, peut-être chargé
de quelques fubftances hétérogenes; on fçavoit
encore que les propriétés des terres calcaires &
des alkalis dépouillés de ce fluide par la calcination ou autrement, étoient très-différentes de ce
qu'elles étoient auparavant, & que ces fubftances
fe trouvoient alors privées particulierement de
celle de produire de l'effervefcence avec les acides; on fçavoit enfin que le fluide dégagé des
effervefcences dont il s'agit, pouvoit fe combiner
avec l'eau, avec d'autres matieres, & finguliere-
ment fe recombiner de nouveau avec les terres
calcaires & les alkalis qui en avoient été dépouillés, & que ces dernieres fubftances reprenoient

alors leurs premieres propriétés, & en particulier celle de faire une grande effervefcence avec tous les acides. Ces connoiffances étoient affurément très-importantes & très-précieufes pour la Chymie, & méritoient d'autant plus d'être appuyées de toutes les preuves dont elles étoient fufceptibles, qu'il y en avoit plufieurs qui étoient conteftées : c'eft cette vérification que M. Lavoifier a entreprife ; il ne s'eft pas contenté de vérifier toutes les belles Expériences qui nous les ont procurées, il a fait cette vérification de la maniere la plus propre à leur donner toute l'évidence & toute la certitude qu'on pouvoit défirer. A l'aide de plufieurs inftrumens de Phyfique ingénieufement imaginés ou perfectionnés, il eft parvenu à déterminer la diminution de poids que fouffrent les terres calcaires & les alkalis privés de leur fluide élaftique, par leur combinaifon avec un acide ; à mefurer & à pefer la quantité de ce fluide dégagé ; enfin à reconnoître l'augmentation de poids qui arrivoit à ces mêmes terres & alkalis, lorfqu'ils étoient rétablis dans leur premier état par leur réunion avec toute la quantité de fluide élaftique qu'ils font capables de reprendre ; & ce qu'il y a de plus fatisfaifant dans les Expériences de M. Lavoifier, c'eft que ces diminutions & augmentations de poids se sont trouvées aussi justes & aussi correspondantes que puissent le permettre des Expériences de Physique faites avec toute l'exactitude dont elles sont susceptibles. Nous ne pouvons entrer ici dans le détail de ces Expériences, parce qu'il seroit impossible de les faire connoître sans transcrire l'Ouvrage presque tout entier; mais nous croyons devoir assurer l'Académie qui nous a chargé de les vérifier, que M. Lavoisier les a répétées presque toutes avec nous , & nous joignons à ce Rapport la notice que nous en avons prise à mesure qu'elles se faisoient, signée & paraphée de nous : on y verra, ainsi que dans l'Ouvrage de M. Lavoisier , qu'il a soumis tous ses résultats à la mesure , au calcul & à la balance ; méthode rigoureuse , qui , heureusement pour l'avancement de la Chymie , commence à devenir indispensable dans la pratique de cette Science.

Indépendamment des Expériences déjà connues & publiées , dont l'Ouvrage de M. Lavoisier contient la vérification avec toutes les circonstances que nous venons d'indiquer , ce même Ouvrage en renferme beaucoup de neuves, & qui sont propres à l'Auteur. Il a soupçonné que le même fluide qui par sa présence ou son absence

changeoit

changeoit si considérablement les propriétés des terres & des sels alkalis pouvoit influer aussi beaucoup sur les différens états des métaux & de leurs terres, & il s'est engagé sur ces objets dans une nouvelle suite d'expériences du même genre, c'est-à-dire, faites avec la même exactitude que celles dont nous venons de parler ; mais il annonce que la partie de ce travail qui concerne la cause de l'augmentation de poids des métaux par précipitation n'est encore qu'ébauchée, quoique les expériences soient déjà très-multipliées, & il se contente, à cet égard, d'exposer celles qui sont le plus essentiellement liées avec son objet principal, réservant les autres pour un Mémoire particulier.

Ces expériences portent M. Lavoisier à croire que le fluide élastique se joint aux terres des métaux dans leurs dissolutions, précipitations & calcinations, & que c'est à son union qu'est dû l'état particulier des précipités & chaux métalliques, & sur tout l'augmentation de leur poids.

Les dissolutions du mercure & du fer dans l'acide nîtreux ; la comparaison des poids des précipités de ces deux métaux, faits par la craie ou par la chaux, s'accordent assez avec cette nouvelle idée.

A a

On sçait que dans le moment où se fait la révivification de la chaux d'un métal, lorsqu'on la fond avec de la poudre de charbon, il y a un gonflement & une véritable effervescence, assez considérable même, pour obliger à modérer beaucoup le feu dans l'instant de cette réduction : M. Lavoisier a fait cette opération dans des vaisseaux clos & dans un appareil propre à retenir & à mesurer la quantité de fluide élastique qui se dégageoit ; il l'a trouvée très-considérable & à-peu-près correspondante à la diminution du poids du métal réduit.

Les calcinations qu'il a faites du plomb, de l'étain & de l'alliage de ces deux métaux, au foyer du grand verre ardent, sous des récipiens plongés dans de l'eau ou du mercure, & disposés de maniere à pouvoir mesurer la quantité d'air absorbé dans ces expériences, lui ont fait connoître qu'il y a, en effet, une diminution d'air sous le récipient, & qu'elle est assez proportionnée à la portion du métal qui a été calciné. Il en a été de même de l'espèce de calcination par la voie humide qui transforme en rouille certains métaux, & le fer en particulier que M. Lavoisier a choisi pour son expérience. Ces tentatives lui ont donné lieu d'observer qu'il se dé-

gage un peu d'eau dans la réduction du minium,
même par le charbon le plus exactement calciné ; que la calcination des métaux, fous des
récipiens clos, n'a lieu que jufques à un certain
point, & s'arrête enfuite fans pouvoir fe continuer même à l'aide de la chaleur la plus violente & la plus foutenue, & plufieurs autres
phénomènes finguliers qui lui ont fait naître des
idées neuves & hardies ; mais M. Lavoifier, loin
de fe trop livrer à fes conjectures, fe contente
de les propofer une feule fois & en deux mots
avec toute la réferve qui caractérife les Phyficiens éclairés & judicieux.

L'examen des propriétés des fluides élaftiques
dégagés, foit dans les effervefcences des terres
& des alkalis avec les acides, foit dans celles
des réductions métalliques, & la comparaifon
des effets qu'elles font capables de produire fur
les corps embrafés fur l'eau de chaux & fur les
animaux, ont fourni à M. Lavoifier la matiere
de beaucoup d'expériences intéreffantes : il ne
s'eft pas contenté d'éprouver ces fluides, tels
qu'ils fortent immédiatement des premieres opérations ; il les a filtrés en quelque forte à travers
différentes liqueurs, telles que l'eau diftillée &
l'eau de chaux contenues dans plufieurs bouteil-

les, communiquant ensemble par des siphons &
placées à la suite l'une de l'autre : ces fluides,
ainsi filtrés, ont été soumis aux mêmes épreuves
que ceux qui ne l'avoient pas été, & il a résulté
de tout ce travail, que le fluide élastique dégagé
par la réduction du minium, a exactement les
mêmes propriétés que celui qui s'exhale pendant les effervescences de la combinaison des
terres calcaires & des alkalis avec les acides;
qu'ils ont l'un & l'autre la propriété de précipiter l'eau de chaux, d'éteindre les corps allu-
més, & de tuer les animaux en un instant. M.
Lavoisier pense, d'après ce que ses expériences
lui ont fait voir, que ces fluides sont composés
l'un & l'autre d'une partie susceptible de se combiner avec l'eau, avec la chaux & autres substances, & d'une autre partie beaucoup plus difficile à fixer, susceptible, jusqu'à un certain point,
d'entretenir la vie des animaux & qui paroît se
rapprocher beaucoup par sa nature de l'air de
l'atmosphère ; que cette portion d'air commun
est un peu plus considérable dans le fluide élastique dégagé des réductions métalliques que dans
celui qui est dégagé de la craie ; que c'est dans
la partie susceptible de se combiner que réside
la propriété nuisible de ce même fluide, puisque

M. Lavoiſier a obſervé qu'il fait périr les animaux d'autant moins promptement qu'il en a été
dépouillé d'avantage ; enfin , que rien ne met
encore en état de décider ſi la partie combina-
ble du fluide élaſtique des effervefcences & des
réductions eſt une ſubſtance eſſentiellement différente de l'air, ou ſi c'eſt l'air lui-même auquel
il a été ajouté ou dont il a été retranché quelque
choſe , & que la prudence exige de ſufpendre
encore ſon jugement ſur cet article.

Après toutes ces recherches , M. Lavoiſier a
voulu répéter les Expériences de Meſſieurs Cavendish , Prieſtley & Rouelle ſur les propriétés
& la vertu diſſolvante de l'eau imprégnée de
fluide élaſtique dégagé des effervefcences ; il y a
joint l'examen de celles de l'eau imprégnée de
fluide élaſtique des réductions métalliques ; il a
fait , avec ces deux eaux gaſeufes , les diſſolutions de terres calcaires qui lui ont réuſſi comme
aux Phyſiciens que nous venons de nommer : ces
eaux ſe ſont auſſi comportées de même avec la
plûpart des diſſolutions métalliques qu'elles ont
plutôt éclaircies que précipitées ; enfin elles ont
donné une très-légere teinte rougeâtre au ſirop
de violettes.

Ces eaux gaſeufes ont été enſuite ſaturées de

craie, & alors elles ont préfenté des effets fort différentes; elles ont très - légerement verdi le firop violat, n'ont point précipité certaines diffolutions métalliques, en ont précipité d'autres plus ou moins promptement & abondamment, & enfin ont été précipitées elles-mêmes par les alkalis fixes & volatils caustiques & non caustiques.

L'Ouvrage eft terminé par des Expériences fur la combuftion du phofphore dans les vaiffeaux clos. M. Lavoifier a bien conftaté que dans une quantité d'air non renouvellée, il ne peut brûler qu'une quantité limitée de phofphore, laquelle eft d'environ fix à fept grains fous un récipient contenant cent neuf pouces cubiques d'air; que par l'effet de cette combuftion, il y a une diminution ou abforbtion d'environ un cinquiéme de cet air, & une augmentation correfpondante dans le poids de l'acide phofphorique. Comme les acides, & celui du phofphore en particulier, font très-avides de l'humidité, & qu'il pouvoit fe faire que cette augmentation fût dûe à la partie aqueufe qu'on fçait être toujours mêlée avec l'air; que d'ailleurs on pouvoit croire auffi que cette même partie aqueufe étoit néceffaire à l'entretien de la combuftion, & que le phofphore ceffoit de brûler

dès que l'air en étoit épuifé; M. Lavoifier a difpofé fon appareil de maniere qu'il pouvoit introduire fous le récipient de l'eau réduite en vapeurs
dans le temps qu'il vouloit de la combuftion du
phofphore; & ayant fait cette épreuve de toutes
les manieres, il en a réfulté que l'eau ne contribuoit en rien à la combuftion du phofphore, ni
au dégagement de fon acide, & il eft refté très-
probable que tous ces phénomènes font dûs à la
partie fixable de l'air. Le phofphore, le foufre,
la poudre à canon, différens mélanges de foufre
& de nître, ont refufé conftamment de brûler &
de détonner dans le vuide de la machine pneumatique, malgré l'application fouvent réitérée du
foyer d'un verre ardent de trois pouces de diamètre.

Enfin, l'air dans lequel le phofphore avoit
ceffé de brûler fous la cloche, faute de renouvel-
lement, éprouvé fur les animaux, ne les a pas
fait périr, comme celui des effervefcences & des
réductions métalliques, quoiqu'il éteignît la bougie dans le moment même où il en touchoit la
flamme; circonftance remarquable qui indique
qu'il y a encore bien des chofes importantes à
découvrir fur la nature & les effets de l'air &
des fluides élaftiques qu'on obtient dans les com-

binaisons & les décompositions de beaucoup de substances.

Telles sont les principales Expériences dont est remplie la seconde Partie de l'Ouvrage de M. Lavoisier : nous n'avons pu qu'en donner une idée très succincte & par conséquent imparfaite par les raisons que nous avons déja exposées. On ne peut trop exhorter M. Lavoisier a continuer cette suite d'Expériences déjà si bien commencée, & nous croyons que l'Ouvrage dont nous venons de rendre compte, mérite d'être imprimé avec l'Approbation de l'Académie. FAIT dans l'Académie des Sciences le 7 Décembre 1773. *Signés*, DE TRUDAINE, MACQUER, LE ROY & CADET.

Je certifie l'Extrait ci-dessus conforme à son Original & au Jugement de l'Académie. A Paris le 8 Décembre 1773.

GRANDJEAN DE FOUCHY,
Secrétaire perpétuel de l'Académie Royale des Sciences.

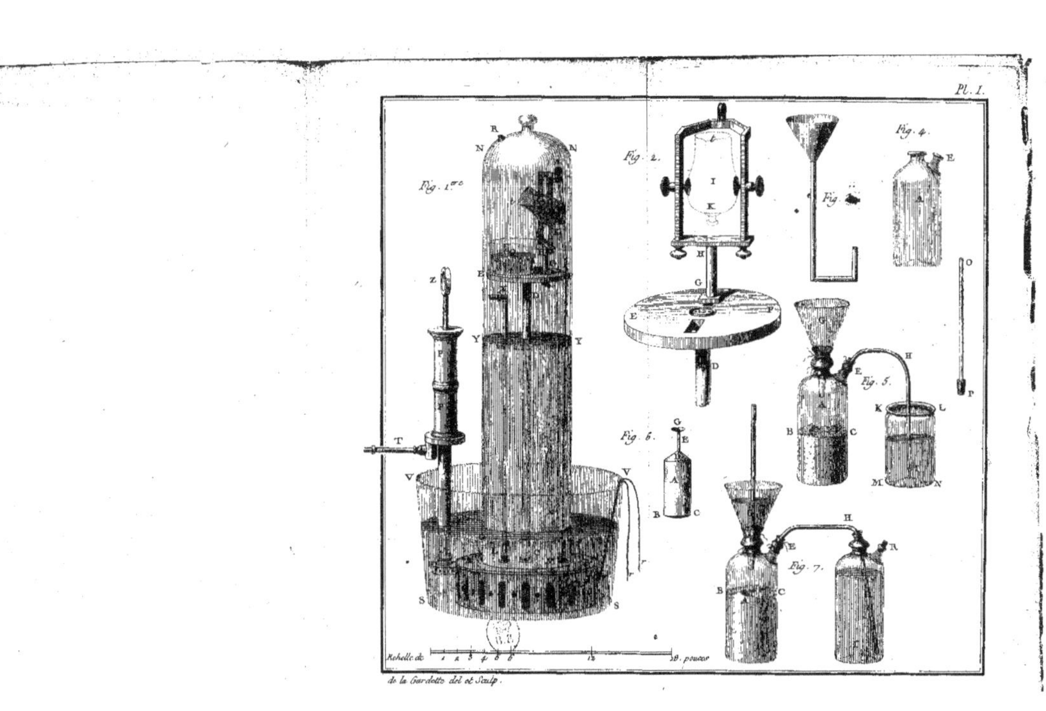

Pl. I.
Fig. 1.re
Fig. 2.
Fig. 3.
Fig. 4.
Fig. 5.
Fig. 6.
Fig. 7.
Echelle de
10 pouces
de la Gardette del et Sculp.

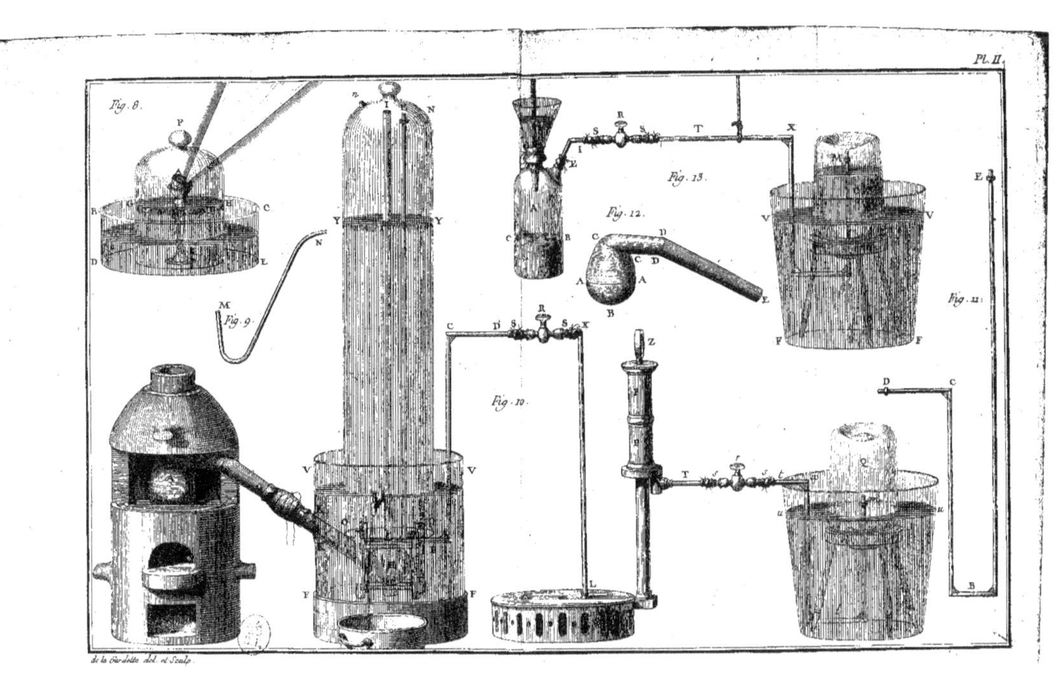

Pl. II.
Fig. 8.
Fig. 9.
Fig. 10.
Fig. 11.
Fig. 12.
Fig. 13.
de la Gardette del. et Sculp.

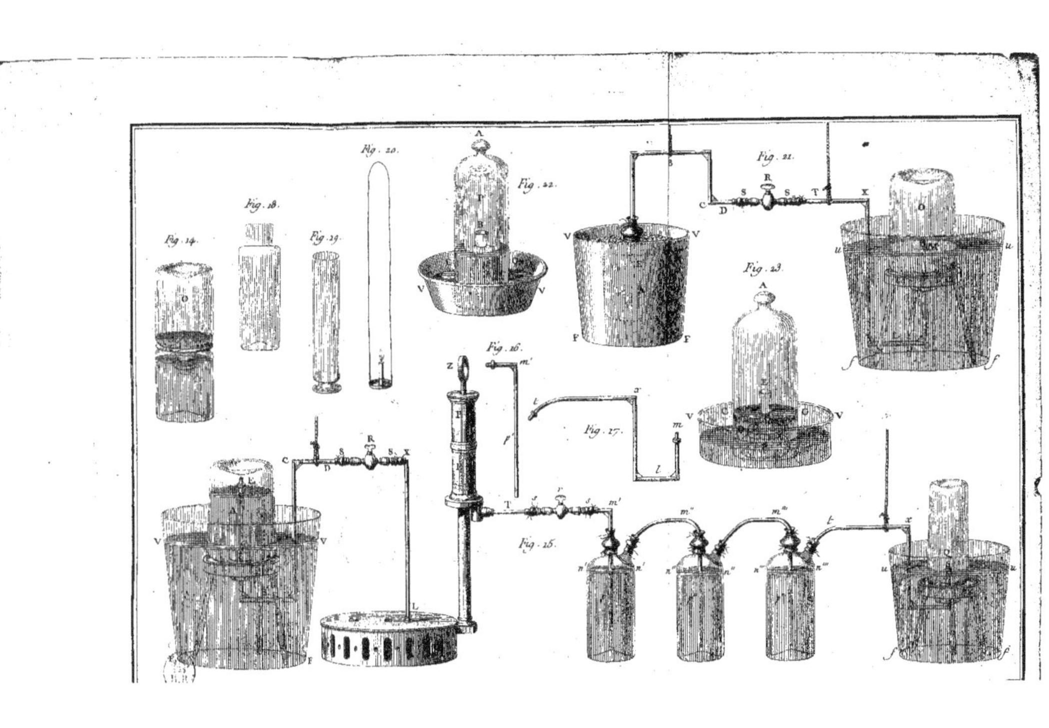

Fig. 20.
Fig. 18.
Fig. 19.
Fig. 14.
Fig. 22.
Fig. 21.
Fig. 23.
Fig. 16.
Fig. 27.
Fig. 25.

TABLE
DES MATIERES
CONTENUES
DANS LA PREMIERE PARTIE.

A

A

A

très-long-temps enfermé sans altération, 149. Il est identique, il n'y en a qu'une seule & même espèce, suivant M. Baumé, 177. Il diſſout les matieres huileuſes, 178. Il eſt également le diſſolvant d'un grand nombre de ſubſtances, 182 & 183.

Air corrompu par la putréfaction des matieres animales; ſa diminution, 126 & 127. Il trouble l'eau de chaux, 127. Moyens de le ramener à l'état de ſalubrité, 129, 130, 131. Son mélange avec l'air de la détonation du nître, 130. Son mélange avec l'air fixe, 131.

Air dans lequel on a brulé des chandelles, 22. Diminution de ſon volume, 117. Cette diminution a des bornes, 118. Elle eſt proportionnelle à la grandeur du récipient, *ibid*. Cet air précipite l'eau de chaux, 118. Son effet ſur les animaux, 120.

Air dans lequel on a brulé de l'Esprit de vin ou de l'Ether, précipite l'eau de chaux, 118.

Air dans lequel on a brulé du charbon, diminue d'un dixiéme de ſon volume, 140. Cet effet n'a pas lieu, quand le charbon a été très-calciné, *ibid*. Il précipite l'eau de chaux; il éteint la flamme & fait périr les animaux, 141. Sa combinaiſon avec l'air nîtreux, *ibid*. Il n'eſt plus alors ſuſceptible de diminution, *ibid*. Voyez auſſi *Émanation du charbon qui brûle*.

Air dans lequel on a brulé du soufre, 22. Diminution de ſon volume, 117. Cette diminution

A

a des bornes, 118. Elle eſt proportionnelle à la grandeur du récipient, *ibid*. Son effet ſur les animaux, 120.

A

A

A

A

ment on obtient celui des matieres animales qui fe putré-
fient, 128 & 129. Une partie eft fufceptible d'être abforbé par l'eau, le refte eft inflammable, 129.

A IR INFLAMMABLE, produit par la diftillation, 23 &
24. Autres moyens pour l'obtenir, 120 & 121. On peut
en tirer plus ou moins d'un même corps, fuivant les circonftances de l'opération, 121. Cet air pénetre les veffies, 122. Moyens de le conferver, *ibid.* Sa combinaifon avec l'eau, *ibid.* Il ne peut être abforbé en totalité
par elle ; le réfidu de cette abforbtion n'eft plus inflammable, 122. Circonftances particulieres à celui tiré du
chêne, 122 & 123. Effets de l'air inflammable fur les
animaux, 123. Sa combinaifon avec différens airs,
123. Il ne fe combine pas avec les acides, 124. Son
mélange avec l'air nîtreux, 136, 138. Quantité qu'on
en retire de chaque métal, 139. Les métaux ne fe
calcinent pas dans cet air, 143. On en tire de la
diffolution du fer par l'efprit de fel, 163. Expériences
fur celui dégagé des matieres animales qui fe putré-
fient, 129. Réflexions de M. Rouelle fur l'air inflammable dégagé des corps, 163 & 164. C'eft, fuivant M.
Baumé, de l'air ordinaire chargé de vapeurs huileufes
très-atténuées, 179 & 180.

A IR NÎTREUX, moyens de l'obtenir, 133. Son mê-
lange avec l'air commun, 133 & 134. Diminution qui
s'obferve dans les volumes ; auquel des deux elle doit
être attribuée, 134, 135 & 136. Son mélange avec différentes efpèces d'air, 136. Sa combinaifon avec l'eau,
136 & 137. Effet que produit fur lui un mélange de
limaille

A

B b

A

A

bride, 84. Ils ne bouillent pas dans le vuide de la machine pneumatique, 95. L'air qui s'en dégage est le même que celui dégagé de la terre calcaire, des alkalis fixes, & des matieres fermentantes, 172 & 173. Ses propriétés, 173. Effet de l'alkali volatil en vapeurs sur les animaux, 148.

ALKALIS VOLATILS CAUSTIQUES acquierent dans l'appareil de M. Macbride la propriété de faire effervescence, 83 & *suivantes*. Ils y augmentent de poids, 84. Leur ébullition dans le vuide de la machine pneumatique, 95. Les émanations des effervescences & des fermentations leur rendent la propriété de faire effervescence & de cristalliser, 98 & *suiv.* Les émanations de la putréfaction produisent en partie les mêmes effets, 100 & 101. L'intromission de l'air ordinaire ne leur rend point la propriété de faire effervescence, 97. Ce qu'ils éprouvent dans la machine à condenser l'air de Gravesande, 97. Leur qualité non effervescente vient d'une matiere ajoutée, suivant M. de Smeth, 98. L'air qui a passé à travers les charbons ardens, leur rend la propriété de faire effervescence, 108.

AMBRE. Diminue le volume de l'air dans lequel on le brûle, 10. Quantité d'air qui s'en dégage par la distillation, 13. Air inflammable qui s'en dégage par la même opération, 23.

ANTIMOINE. Quantité d'air qui s'en dégage par la distillation, 13. Quantité d'air qui se dégage de sa combinaison avec l'eau régale, 15. Quantité d'air qui se dégage de sa combinaison avec l'acide nitreux, 16.

A B

B

B

B C

C

C

C

CHAUX. Quantité d'air abſorbée par ſa combinaiſon avec le ſec ammoniac, 16. Quantité d'air abſorbée par ſa combinaiſon avec le vinaigre, *ibid.* Chaux par la voie ſeche, 38; par la voie humide, 40, 63 & 64. Cauſes de ſa cauſticité, 38. Combinée avec les alkalis, elle redevient terre calcaire, 39. Pourquoi elle n'eſt pas entierement ſoluble dans l'eau, 41. Elle décompoſe les matieres animales, 54. C'eſt une terre calcaire neutraliſée par *l'acidum pingue*, ſuivant M. Meyer, 61. Sa décompoſition par les alkalis, 61 & 62. La terre calcaire ne devient chaux qu'en proportion du dégagement du fluide élaſtique, ſuivant M. Jacquin, 67. Sa diſſolution dans l'eau, 68. Son extinction, *ibid.* Elle n'eſt pas moins chaux après ſon extinction qu'auparavant, 69. Sa précipitation par l'air d'une efferveſcence, *ibid.* Chaux par la voie humide, 70. La pierre à chaux perd pendant la calcination une grande partie de ſon poids, 72. Le fluide élaſtique qui s'en dégage pendant cette opération eſt, ſuivant M. Crans, de l'eau réduite en vapeurs, *ibid.* La chaux fait efferveſcence avec les acides, ſuivant M. Crans, 73. Elle ſe conſerve long-temps à l'air, & en devient plus cauſtique, *ibid.* Phénomènes de ſon extinction, 74. Elle ſe diſſout avec chaleur dans l'acide nitreux, *ibid.* Sa diſſolution dans l'eau & ſa criſtalliſation, *ibid.* Elle n'eſt point ſoluble en totalité dans l'eau, 75. La chaux prétendue par la voie humide, fait, ſuivant M. Crans, efferveſcence avec les acides ; elle eſt dans l'état de terre calcaire, 77 & 78. Sa précipitation par l'air dégagé d'une efferveſcence, 78 & 79. Décompoſition

C

C

C D

D

D

fait détonner de la poudre dans un air infecté, 46. fait voir que les phénomènes de la poudre fulminante font dûs au même fluide élastique, 46. Son fentiment fur la nature des fluides dégagés, 47.

De Smeth (M.) publie au mois d'Octobre 1772 une Differtation fur l'air fixe, 87 *& fuivantes*. Il penfe que nous ne connoiffons qu'un petit nombre des propriétés de l'air, 87. que les émanations élastiques dégagées des corps n'ont de commun avec l'air que l'élasticité, la pefanteur fpécifique, &c, mais qu'elles en different effentiellement quant aux autres propriétés, 88. que l'air est un diffolvant, *ibid*. Il obferve que le pirophore en brûlant augmente de poids, 89 & 90. que la même chofe arrive à la chaux expofée à l'air, 90 & 91. Il prétend que cette derniere éteinte à l'air & diftillée enfuite ne donne point de dégagement élastique, 91. qu'elle retient après la diftillation, même après la calcination, une partie de la matiere qu'elle a attirée de l'atmofphère, 92 & 93. que c'est à l'eau répandue dans l'atmofphère que la chaux doit fon augmentation de poids à l'air, 94. qu'il est de même du pirophore, *ibid*. Il obferve que l'alkali volatil cauftique bout de lui-même & fans chaleur fous le récipient de la machine pneumatique, 95. qu'il en est de même de l'alkali fixe cauftique, *ibid*. que les alkalis non cauftiques, au contraire, ne préfentent point le même phénomène, *ibid*. que l'air introduit dans les alkalis cauftiques ne leur rend point la propriété de faire effervefcence, 97. que les alkalis cauftiques n'éprouvent point de changement dans la

D

E

& suivantes. Il obſerve que le marbre blanc perd environ
un tiers de ſon poids par la calcination, 151. Que les
pierres à chaux de Courcelles perdent un peu plus de
moitié, *ibid.* Qu'expoſées à l'air, elles reprennent une
partie du poids qu'elles avoient perdu, *ibid.* Il détermine
la quantité d'eau néceſſaire pour éteindre une quantité
donnée de chaux, 152. Difficulté de chaſſer cette eau,
ibid. Il ſoupçonne que la pierre à chaux contient un peu
d'eſprit de ſel, 153. Criſtalliſation de l'alkali fixe, *ibid.*

E

EAU, eſt ſuſceptible d'abſorber l'air, 21. Elle abſorbe
l'air fixe, mais elle ne l'abſorbe pas en totalité, 114.
Voyez auſſi *Eau imprégnée d'air fixe* & *Air fixe.* Elle
abſorbe l'air inflammable par une forte agitation, 122.
Elle abſorbe une partie de l'air dégagé des matieres animales qui ſe putréfient, 129. Elle abſorbe l'air nitreux,
136. Quantité néceſſaire pour éteindre une quantité
donnée de chaux, 151. Elle tient opiniâtrément à la
chaux, 152.

EAU BOUILLANTE. Elle a la propriété d'abſorber l'air
commun, 148.

EAU DE PUIT contient beaucoup d'air, 149.

EAU DE SELTZ eſt une eau acidule ou aërée, 32 *& ſuiv.*

EAU IMPRÉGNÉE D'AIR FIXE, 57. Diſſout la
terre calcaire, le zinc, *ibid;* le fer, *ibid.* & 156.
Moyens d'en obtenir aiſément, 113 & 114. Ses propriétés, 115. Elle trouble le ſavon & la diſſolution de ſel de

E

Saturne, 150. Le fer y tient peu, 156. Elle diffout les mines de fer, 157, 158 & 159. L'air y eft dans un état de diffolution, 167.

EAU IMPRÉGNÉE DE LA VAPEUR DU FOYE DE SOUFRE ne diffout pas les mines de fer, 160.

EAU RÉGALE. Quantité d'air produit par fa combinaifon avec l'antimoine, 15. Quantité d'air produit par fa combinaifon avec l'or, 15.

EAUX ACIDULES contiennent de l'air, 19. Elles ne font ni acides ni alkalines, 32. On en peut féparer l'air par l'agitation, par la machine pneumatique, &c. 33. Moyens de les imiter, 34, 35 & 36.

EAUX MINÉRALES. Elles peuvent fe divifer en deux claffes ; la premiere comprend celles qui contiennent de l'air fixe, la feconde celles qui contiennent de l'air inflammable, 165.

ÉBULLITION des alkalis cauftiques dans le vuide de la machine pneumatique, 95 & 96.

ÉCAILLES D'HUÎTRES. Quantité d'air qui s'en dégage par la diftillation, 13. Air inflammable qui s'en dégage par la même opération, 23. Quantité d'air produit par leur diffolution dans le vinaigre diftillé, 15.

EFFERVESCENCES font occafionnées, fuivant Van-Helmont, par le dégagement du *Gas*, 6. Définition de ce mot, 35. On peut avoir à volonté de l'effervefcence, ou n'en point avoir, quand on diffout la terre calcaire dans les acides, 76.

ÉLASTICITÉ eft un caractère équivoque de l'air, 88.

ÉMANATIONS DES EFFERVESCENCES. Leurs

E F

effets fur les alkalis, 98 & *fuivantes*. En quoi elles different de l'air commun, 101 & *fuivantes*. Ce que c'eft, 104. Elles font antifeptiques, 106. Voyez *Air fixe*.

ÉMANATIONS DES MATIERES FERMENTAN-
TES. Leurs effets fur les alkalis, 98 & *fuiv*. En quoi elles different de l'air commun, 101 & *fuiv*. Ce que c'eft, 104. Elles font antifeptiques, 106. Voyez *Air fixe*.

ÉMANATIONS ÉLASTIQUES QUI SE DÉGA-
GENT DES CORPS, n'ont qu'un petit nombre de propriétés communes avec l'air, 87 & 88.

ÉMANATION DU CHARBON QUI BRULE, pré-
cipite l'eau de chaux ; rend aux alkalis cauftiques la propriété de faire effervefcence ; 108.

ESPRITS ARDENS abforbent l'air fixe, 55.

ESPRIT-DE-VIN abforbe l'air fixe, 59. Eft un anti-
feptique, 106. L'air dans lequel il a été brûlé, précipite l'eau de chaux, 118.

ÉTHER. L'air dans lequel il a été brûlé, précipite l'eau de chaux, 118.

EXTINCTION DES LUMIERES fous un récipient.
Sa caufe, 119.

F

FER. Sa combinaifon avec l'acide nîtreux dans le vuide, 28. Se diffout dans l'eau imprégnée d'air fixe, 58. Sa chaux, expofée à la vapeur du foie de foufre, prend une couleur noire, 160. Quantité d'air produit par fa diffolution dans l'acide nîtreux, 16. Sa combinaifon avec le foufre diminue le volume de l'air, 16, 114, 132 & 133.

Sa

G

G H

H

H J

J

M

les vaisseaux fermés, 66. Il observe un dégagement de fluide élastique, *ibid.* Ses idées sur la maniere dont l'air existe dans les corps, 67. Ses observations sur la dissolution de la chaux dans l'eau, 68. sur son extinction, *ibid.* sur la crême de chaux, *ibid.* sur l'air des effervescences, 69. Sa théorie des alkalis caustiques, 69 & 70. Son procédé pour faire de la chaux par la voie humide, 70.

M

MACBRIDE (M.), Chirurgien de Dublin, fait voir qu'il se dégage de l'air fixe des matieres en putréfaction, 48. Combine l'air fixe avec la chaux & les alkalis, 48 & 49. Son appareil pour combiner l'air fixe avec différentes substances, 48 & 49. Il fait voir que les alkalis fixes qui en sont suffisamment pourvus, cristallisent, 49. Que les alkalis caustiques reprennent la propriété de faire effervescence par la combinaison avec l'air fixe, 49. Que l'air fixe entre dans la composition des chairs, 50. Qu'en le combinant avec les chairs à demie putréfiées, il les ramene à l'état de salubrité, *ibid.* Son application de la théorie de l'air fixe aux phénomènes de la digestion, 51. Il fait voir que parmi les sécrétions animales, les unes contiennent de l'air fixe, les autres en sont dépourvus, 52. Ses expériences sur les mêlanges alimentaires, *ibid.* Ses réflexions sur le scorbut & les maladies putrides, 52 & 53. Sur l'effet antiseptique des acides, 53. Ses expériences sur ce qui accélere ou retarde la putréfaction, 54. Sur la décomposition du savon,

M

ibid. Sur l'abſorbtion de l'air fixe par les eſprits ardens, 55. Examine dans quel état ſont les alkalis dégagés par la putréfaction des matieres animales, *ibid.*
L'air fixe eſt, ſuivant lui, différent de l'air ordinaire,
ibid. Il ſe trouve néanmoins répandus dans l'atmoſphère,
56.

MAGNÉSIE ou BASE DU SEL D'EPSUM, ſe réduit
en chaux par la calcination, 37. Elle a une grande partie des propriétés de terres calcaires, *ibid.*

MALADIES ÉPIDÉMIQUES. Cauſe de leur propagation, 8.

MARBRE. Ce qu'il perd de ſon poids par la calcination,
151. Voyez *Terre* & *Pierre calcaire.*

MARCASSITE. Quantité d'air abſorbée par ſa diſſolution dans l'eau forte, 16.

MEYER (M.). Ses Eſſais de Chymie ſur la chaux vive,
59 & *ſuivantes.* Il établit une opinion contraire à celle
de M. Black, 60. Ses réflexions ſur les propriétés de la
terre ou pierre calcaire avant la calcination, 60 & 61.
Il prétend que la chaux eſt neutraliſée dans le feu par
un acide qui s'y combine pendant la calcination, 61. Sa
théorie de la décompoſition de la chaux par les alkalis,
ibid. Acidum pingue eſt, ſuivant lui, l'acide qui neu-
traliſe la chaux, 62. Cet être eſt répandu abondamment
dans la nature, *ibid.* Examen de ſa combinaiſon avec
différens corps, *ibid.* Chaux par la voie humide, 63
& 64.

MIEL. Quantité d'air qui s'en dégage par la diſtillation, 13.

M N O P

N

O

P

P

P

P

P.

dans un air déjà diminué, 132 & 133. Même mélange dans l'air fixe & dans l'air inflammable, 133. Moyens d'obtenir de l'air nîtreux, *ibid.* Son effervescence quand on le mêle avec l'air commun & la diminution de volume qui en résulte, 133, 134, 135. Mélange de l'air nîtreux avec différens airs, 136. Combinaison de l'air nîtreux avec l'eau, *ibid.* Mélange de soufre & de limaille de fer dans l'air nîtreux, 137. Mélange de l'air nîtreux avec l'air inflammable, 138. L'air nîtreux est d'une pesanteur sensiblement égale à celle de l'air de l'atmosphère, *ibid.* Effet de l'air nîtreux sur les végétaux, 139. Calcination des métaux dans l'air nîtreux, *ibid.* Table de la quantité d'air inflammable qu'on tire des métaux, *ibid.* Diminution du volume de l'air qui a passé sur des charbons ardens, 139 & 140. Cette diminution est nulle quand le charbon a été très-calciné, 140. L'air, dans lequel on a brûlé du charbon, précipite l'eau de chaux, 141. Le charbon, dans cette expérience, ne perd rien de son poids, *ibid.* Effet de l'air dans lequel on a brûlé du charbon sur les animaux & sur les corps enflammés, *ibid.* Diminution de l'air dans lequel on a calciné des métaux, 142 & 143. Cet air ne précipite pas l'eau de chaux, 143. Calcination des métaux dans différens airs, *ibid.* Explication de la diminution du volume de l'air par l'addition du phlogistique, *ibid.* Effets de la peinture du blanc de plomb à l'huile, 144. Air retiré de l'esprit de sel, *ibid.* Moyens de l'obtenir, 144 & 145. Il blanchit la chaux, 145. Sa combinaison avec l'eau, *ibid.* Ce que c'est que cet air, *ibid.*

P R

R

R S

S

S

S T

T

T

V

U Y Z

U

URINE. Contient beaucoup d'air fixe, 52.

Y

YEUX D'ÉCREVISSES dissous dans le vinaigre distillé.
Quantité d'air produit par cette combinaison, 27.

Z

ZINC. Se dissout dans l'eau imprégnée d'air fixe, 58.

Fin de la Table des Matieres de la premiere Partie.

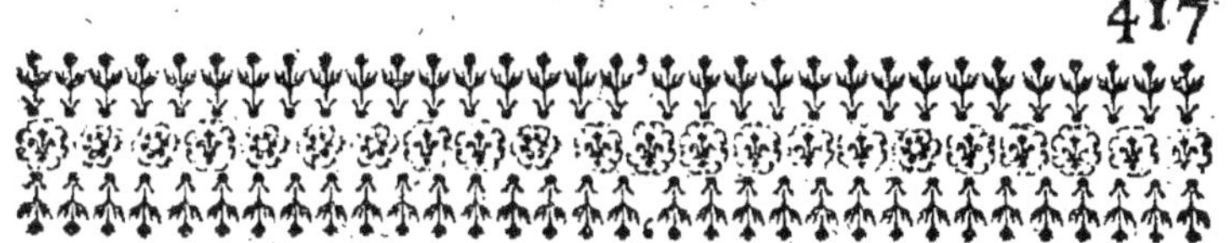

TABLE
DES MATIERES
CONTENUES
DANS LA SECONDE PARTIE.

A

D d

A

A

A

A C

C

C

tipliées ; *ibid.* Cetre opération ne se fait qu'avec difficulté sous une cloche, 293. Elle a des bornes au-delà
desquelles elle ne peut plus avoir lieu, *ibid.* Elle est
accompagnée de diminution du volume de l'air dans
lequel elle s'opere ; *ibid.* Cette diminution est à-peu-près
proportionnelle à l'augmentation de poids du métal,
ibid. Cette augmentation de poids est occasionnée par la
fixation d'un fluide élastique combiné dans l'air, 293 &
294. Elle ne doit point avoir lieu dant des vaisseaux fermé & privés d'air, 294 & 295.

C

199. Chaleur de la dissolution, *ibid.* Quantité de pouces cubes de fluide élastique qui s'en dégage par la dissolution dans l'acide nitreux, 199, 200, 201. Quantité en poids de fluide élastique, de terre alkaline, &
d'eau dont elle est composée, 201. Sa conversion en
craie, 203, 204, 205. Il paroît qu'elle contient de la
matiere du feu pur, 204. Elle en contient encore,
même lorsqu'elle a été éteinte par l'eau, *ibid.* Ce n'est
point à cette quantité de matiere du feu qu'est due sa
causticité, *ibid.* Elle enleve à la solution de la soude
la propriété de faire effervescence, 222, 223, 224.
Combinée avec une solution de soude, elle en diminue
la pesanteur spécifique, 222, 223 & 224. Elle acquiert
une augmentation de poids dans cette Expérience, 226
& 227. Elle acquiert en même temps la propriété de
faire effervescence, 227 & 228. Il paroît prouvé qu'elle
enleve quelque chose à la solution de soude, 227. Que
ce quelque chose est le fluide élastique, 227 & 228.
Quantité de chaux nécessaire pour dépouiller entierement la soude de fluide élastique, 224 & 225. De
même la chaux combinée avec une solution d'alkali volatil, en diminue la pesanteur spécifique, 232, 233,
234. Elle acquiert dans cette expérience la propriété
de faire effervescence, 236 & 237. Quantité de chaux
nécessaire pour amenener la solution d'alkali volatil à
l'état de causticité parfaite, 234. Précipitation de la
chaux dissoute dans l'acide nitreux par l'alkali de la
soude, 241. Son augmentation de poids, *ibid.* Cette
chaux ainsi précipitée est dans l'état de ter.e calcaire

D d iv

C

C D

D

E F

E

F

F

F

M

M N

N

O & P

O

Or, dissout dans l'eau régale. Sa combinaison avec l'eau imprégnée de fluide élastique, 322. Sa combinaison avec une dissolution de terre calcaire par le fluide élastique, 326.

P

Phlogistique. Combiné avec les liqueurs en diminue la pesanteur spécifique, 225 & 226. Exemple de l'esprit-de-vin & des huiles, *ibid.*

Phosphore. Sa combustion sous une cloche renversée dans l'eau, 327. Il absorbe deux à trois pouces cubiques d'air par grain de phosphore, 328. L'absorbtion de l'air causée par sa combustion est environ de deux onziemes, 329, 330, 331, 332, 334. Matiere qui reste après sa combustion, 328, 330, 337. Sa combustion sous une cloche renversée dans du mercure, 329. L'acide phosphorique alors est concret, *ibid.* La quantité qu'on en peut brûler dans un certain volume d'air est limitée, 330, 331 & 332. Son augmentation de poids pendant la combustion, 333, 334 & 335. Cette augmentation de poids est-elle due à l'eau contenue dans l'air ? 335 & 336. Conséquences qui en résulteroient, 336. Expériences qui prouvent que la diminution du volume de l'air n'est pas due à l'absorbtion de l'eau, 337 & *suiv.* jusques à 340. Combustion du phosphore dans une atmosphere d'eau réduite en vapeurs, *ibid.* Observations sur l'augmentation de pesanteur qu'un acide peut occasion-

P

R   S

R

S

S T

T

V

de la foude, 241. Son augmentation de poids, *ibid.* Elle
eft alors dans l'état de terre calcaire ou de craie, *ibid.*
Sa précipitation par l'alkali de la foude cauftique, 242.
L'augmentation de poids eft prefque nulle, *ibid.* Elle
eft alors dans l'état de chaux, *ibid.* Sa précipitation par
l'alkali volatil concret, 242 & 243. Son augmentation
de poids, 243. Elle eft alors dans l'état de terre calcaire ou de craie, *ibid.* L'alkali volatil cauftique ne
précipite point la terre calcaire diffoute dans les acides,
243 & 244. Précipitation du mercure par la terre calcaire, 249 & 250. Précipitation du fer, 251 & 252.
Diffolution de la terre calcaire par le fluide élaftique
fixé combiné avec différens réactifs, 325 *& fuivantes.*

V

VITRIOL DE CUIVRE. Sa combinaifon avec l'eau
imprégnée de fluide élaftique, 322. Sa combinaifon avec
une diffolution de terre calcaire par le fluide élaftique
fixé, 325.

VITRIOL DE FER. Sa combinaifon avec l'eau imprégnée de fluide élaftique, 322. Sa combinaifon avec une
diffolution de terre calcaire par le fluide élaftique fixé,
325.

VITRIOL DE ZINC. Sa combinaifon avec l'eau imprégnée de fluide élaftique, 322. Sa combinaifon avec
une diffolution de terre calcaire par le fluide élaftique
fixé, 325.

Z

Zinc, diffout par l'acide vitriolique. Sa combinaison avec l'eau imprégnée de fluide élastique, 322. Sa combinaison avec une diffolution de terre calcaire par le fluide élastique fixé, 325.

Fin de la Table des Matieres de la feconde Partie.

Le Privilége du Roi fe trouve aux Mémoires de l'Académie Royale des Sciences.

FAUTES A CORRIGER.

Page 215. ligne 5. en en mot, lifez, en un mot.
Page 304. ligne premiere, ajoutez un c au commencement de la ligne.

De l'Imprimerie de PRAULT, Imprimeur du Roi, quai de Gêvres, 1774.